本书的出版受内蒙古自治区人力资源和社会保障厅"2019年度自治区本级事业单位引进人才科研启动支持经费"资助

生命科学系列丛书

植物低温响应机制及禾本科作物低温响应相关基因功能研究

靳亚楠 著

哈尔滨

图书在版编目（CIP）数据

植物低温响应机制及禾本科作物低温响应相关基因功能研究 / 靳亚楠著. -- 哈尔滨：黑龙江大学出版社，2021.12
ISBN 978-7-5686-0674-5

Ⅰ. ①植… Ⅱ. ①靳… Ⅲ. ①禾本科－作物－冷害－响应－研究 Ⅳ. ①S426

中国版本图书馆 CIP 数据核字（2021）第151142号

植物低温响应机制及禾本科作物低温响应相关基因功能研究
ZHIWU DIWEN XIANGYING JIZHI JI HEBENKE ZUOWU DIWEN XIANGYING XIANGGUAN JIYIN GONGNENG YANJIU
靳亚楠　著

责任编辑	于晓菁
出版发行	黑龙江大学出版社
地　　址	哈尔滨市南岗区学府三道街36号
印　　刷	哈尔滨市石桥印务有限公司
开　　本	720毫米×1000毫米　1/16
印　　张	13.25
字　　数	210千
版　　次	2021年12月第1版
印　　次	2021年12月第1次印刷
书　　号	ISBN 978-7-5686-0674-5
定　　价	47.00元

本书如有印装错误请与本社联系更换。

版权所有　侵权必究

前　言

低温是限制植物生长发育及影响其地理分布的主要因素之一。近年来,随着全球气候的变暖,极端天气频发,时有倒春寒、晚霜冻害等寒害发生,严重影响农作物的播种及苗期生长,进而影响玉米(*Zea mays*)、水稻(*Oryza sativa*)、小麦(*Triticum aestivum*)等主要农作物的产量。植物对低温胁迫的抗性(抗冻性、抗冷性、耐寒性、抗寒性、耐冷性)为数量性状,受多基因调控。因此,了解植物响应低温胁迫的机制,并探讨农作物低温响应相关基因的功能,是通过基因工程和现代分子育种方法改良农作物抗逆特性的重要手段。

在低温环境中,植物细胞膜最先感知低温刺激,并将低温信号由细胞质中的各蛋白因子通过级联反应传递至细胞核内,引发一系列低温响应相关基因的表达与调控,最终大量抗冷物质在植物体内积累,共同起到抵御低温的作用。在这一过程中,很多低温响应基因参与其中。当前,我国处于植物基因功能研究的井喷阶段,科研人员对植物低温胁迫响应机制的研究较为深入,为农作物的抗寒研究奠定了扎实的基础。

本书全面介绍了植物对低温胁迫的响应机制(包括低温胁迫对植物生长发育的影响、植物响应低温的生理机制及分子机制),详细研究了禾本科作物小麦苗期低温响应基因 *IRI* 和玉米低温响应基因 *ZmCOLD1* 的功能,并对禾本科作物多个低温响应基因及其蛋白的功能与进化进行分析,力求为深入了解植物低温耐受机制提供理论基础,并为通过基因组编辑技术等基因工程方法改良农作物的抗寒性提供技术参考。

靳亚楠

2021 年 4 月

目　　录

第一章　植物对低温胁迫的响应机制 …………………………… 1
第一节　低温胁迫对植物生长发育的影响 ………………… 3
第二节　植物响应低温的生理机制 ………………………… 5
第三节　植物响应低温的分子机制 ………………………… 27
第四节　植物应对低温胁迫研究展望 ……………………… 53

第二章　禾本科作物小麦苗期低温响应基因 *IRI* 的功能研究 ………………………………………………………… 55
第一节　小麦族 AFP 研究进展 ……………………………… 57
第二节　强冬性小麦 *IRI* 基因的分离、序列比对及表达分析 … 59
第三节　转基因烟草检测及抗寒能力鉴定 ………………… 75
第四节　小麦族 *IRI* 基因分离及进化分析 ………………… 89
第五节　结论与讨论 ………………………………………… 101

第三章　禾本科作物玉米低温响应基因 *ZmCOLD1* 的功能研究 ………………………………………………………… 103
第一节　玉米耐冷性研究进展 ……………………………… 105
第二节　*ZmCOLD1* 基因的克隆及生物信息学分析 ……… 106
第三节　*ZmCOLD1* 基因的功能初探 ……………………… 124
第四节　ZmCOLD1 蛋白的特性及其互作蛋白鉴定 ……… 137

第四章 禾本科作物低温响应蛋白的功能与进化 …………… 149
第一节 禾本科 COLD1 蛋白的功能与进化…………………… 151
第二节 禾本科 ICE – CBF – COR 级联反应各成员的功能
与进化 ……………………………………………………… 152
第三节 禾本科 AFP 的功能与进化 …………………………… 156
第四节 禾本科作物低温响应蛋白研究展望 ………………… 157

参考文献 ………………………………………………………… 159

后记 ……………………………………………………………… 201

第一章　植物对低温胁迫的响应机制

近年来，全球气候变暖加剧，极端天气频发，低温已成为影响植物生长发育及地理分布的关键因素之一。倒春寒、晚霜等极端低温天气均可导致农作物大幅减产，甚至绝产。遭受低温胁迫时，由于植物不能自主移动，因此植物体内演化出一系列的响应机制，并产生多种保护物质以抵御低温伤害。植物对低温的应答反应是复杂的，植物耐冷性的获得是多种层面的机制、机理共同作用的结果。因此，深入了解植物在低温下的应答机制，筛选具有强耐冷性状的优异农作物品种，挖掘高效抗性基因，对改善农作物抗逆性有重要的现实意义，这也是现代农业亟待解决的重要问题。本章主要概述低温胁迫对植物生长发育的影响、植物响应低温的生理机制及分子机制，并对植物应对低温胁迫研究进行展望。

第一节　低温胁迫对植物生长发育的影响

一、低温胁迫的分类

对植物产生不利效应的低温称为低温胁迫，包括冷胁迫和冻胁迫，其中 0 ℃以上的低温称为冷胁迫，0 ℃以下的低温称为冻胁迫。低温对植物造成的伤害称为寒害，包括冷害和冻害。其中 0 ℃以上的低温对植物造成的伤害称为冷害，此时植物对低温的适应能力称为抗冷性，热带、亚热带植物易受此伤害；0 ℃以下的低温对植物造成的伤害称为冻害，此时植物对低温的适应能力称为抗冻性，冻害往往伴随霜害发生。冷害与冻害对植物造成的伤害也有差异。冷害可导致植物叶片萎蔫、发黄，降低植物细胞膜的流动性，使细胞内液体外渗，致使细胞失水。短时间的冷害是可逆的，长时间的冷害不可逆。相对于冷害而言，冻害对植物的伤害更大。冻害可使植物叶片结冰冻伤，冰晶会严重损害细胞膜系统，使细胞内液体严重外渗，使细胞失去活性，导致植物组织坏死及细胞死亡，甚至可引起植物死亡。

低温胁迫严重影响农业发展，尤其是严重影响禾本科作物的产量，加之世界人口的剧增，使得粮食供不应求。在禾本科作物中，小麦属于耐低温作物，但当低温持续时间过长或温度较低时,小麦也会受到低温伤害,以冻害居多。较轻的冻害会造成小麦叶片变黄、干枯,但不伤及主茎及大分蘖,对小麦产量影响较小;较严重的冻害会使小麦主茎和大分蘖冻伤,使新叶干枯死亡,会严重影响小麦产量。玉米起源于热带、亚热带地区,是喜温植物,低温一直是限制其生长、分布的重要因素。另有研究表明,平均温度每降低1 ℃,全球水稻的总产量将减少40%,尤其是寒地水稻的产量受低温影响更为严重。因此,针对禾本科作物挖掘优异抗性材料和深入研究耐冷相关基因的功能尤为重要。

二、影响

形态特征变化是植物受到胁迫后最直观的表现,低温胁迫对植株表型有很大的影响,植物受损的直接表现有萎蔫、叶片呈水渍状、果实出现斑点、苗木变弱、生长迟缓、黄化、产量下降、品质降低和局部组织坏死等。萎蔫是低温胁迫下植物最容易表现的一种状态,其原因可能是低温导致根系吸收水分及运输到枝条的能力迅速下降,同时植物感知水分亏欠时气孔关闭的能力下降,从而导致植物因严重失水而萎蔫。低温引起的水渍状或斑点等受损组织易受到各类昆虫和细菌的感染而导致局部组织坏死。叶绿体是光合作用的主要场所,低温胁迫可以破坏叶绿体结构,降低叶绿体色素合成酶的活力,导致叶绿素含量减少,植株黄化,同时光合同化能力下降,植株生长迟缓,苗木变弱,产量与质量下降。此外,低温胁迫会引起植物吸收水分的能力下降,最终影响矿物质等营养物质的吸收,从而影响植物的生长状态,以及果实的产量与质量等。植物的组织结构特点(包括叶片厚度、叶片气孔密度、鳞芽有无、根冠比大小、花器官大小及厚度、栅栏组织/海绵组织大小等)也与抗寒性密切相关。抗寒性较强的植物的叶片气孔密度较小,角质层和上下表皮比较厚,叶肉细胞排列紧密,叶片组织结构也比较紧密,根冠比较大,细胞间隙小,枝条木质部、韧皮部和髓的褐变程度较小,有的具有冬芽结构。杨宁宁等人对北方油菜抗寒性的研究结果表明,抗寒性强的冬油菜苗期表现为匍匐生长,栅栏组织/海绵组织较小,气孔面积小,地下部分质量大。田雪飞发现,植物遭受一定低温后会引起叶片叶缘失绿,根系受损甚至枯死,开花结实率下降,果实畸形,甚至植株死亡。许瑛等人对菊花叶片解剖结构紧密度指标的分析结果表明:抗寒性强的菊花品种叶片上表皮较厚,栅栏组织发达,叶肉细胞排列紧密,细胞间隙小;抗寒性弱的品种表现为叶片上表皮较薄、栅栏组织层数少、厚度小,叶肉细胞排列疏松,细胞间隙大。水稻在幼苗期受到低温胁迫,叶片受到低温伤害,会使其半饱和光强降低,对光能利用率产生影响,也使其对光强的耐受程度大幅下降。低温还会对水稻造成明显的外部损伤,如发芽率低、幼苗生长发育迟缓甚至死亡、结实率低等。姚利晓等人的研究表明,在低温条件下,转基因甜橙的叶片伤害率随温度梯度在一定范围内呈 S 形变化。研究人员解剖低温处理下的椰树叶片发现,随着温度的下降,细胞间隙变大,海绵组织和栅栏组织结构越发不规则。综上所述,低温胁迫会导致植物的细胞结构、体内光合作用,以及对水分、矿物质等营养物质的吸收受到影响,抑制植物的生长,降低其产量。

第二节　植物响应低温的生理机制

在低温环境下的冷驯化过程中,植物从分子到细胞、组织、表型会逐步发生变化,体内会产生一系列反应以应对低温胁迫,其中生理指标是现阶段被研究得较多的一个重要内容。植物在秋季通过调节新陈代谢来适应温度的变化,增加体内一系列防寒化合物的含量,从而最大限度地提高自身的耐寒性。在低温保存过程中,渗透损伤以及干燥和低温等环境变化会对植物施加一系列的胁迫。在越冬期间,植物的温带代谢转向合成低温保护剂分子,如糖醇(山梨醇、核糖醇、肌醇)、可溶性糖(蔗糖、棉子糖、水苏糖、海藻糖)和低分子含氮化合物(脯氨酸、甘氨酸甜菜碱)。此外,研究人员还提出:苹果树对寒冷气候的适应与高水平的绿原酸有关;胡萝卜中的褪黑素(MT)可通过上调多胺(PA)来保护胡萝卜悬浮细胞免受冷诱导而凋亡;黄瓜中的 MT 在低温胁迫下对黄瓜种子萌发有促进作用;MT 可以提高红景天低温保存时愈伤组织的存活率。因此,低温胁迫引起的细胞内部的生理改变主要涉及以下几个方面:相对含水量、细胞膜结构、电解质渗漏、活性氧(ROS)清除系统、光合作用相关指标、可溶性蛋白、可溶性糖、脯氨酸、丙二醛(MDA)、PA、黄酮类化合物和抗冻蛋白(AFP)。本章旨在概括低温胁迫下植物的生理响应机制,提出低温胁迫下科研发展的主要方向,以期为耐寒植物种质资源的创制与良种选育提供基础。

一、相对含水量

植物组织中的相对含水量可反映植物组织的水分状况和保水能力。植物组织在低温胁迫下受到损伤,相对含水量会发生变化,因此相对含水量可以作为评价植物抗寒性的指标。

张烨以黑龙江省主栽品种"先玉696"为试验材料,采用人工气候箱模拟低温环境(分别设置昼13 ℃、夜4 ℃,昼15 ℃、夜6 ℃),对玉米幼苗进行2 d、4 d、6 d 的低温胁迫处理。低温胁迫处理前两天,喷施浓度分别为 150 mg/L、200 mg/L、250 mg/L、300 mg/L 的氯化铈($CeCl_3$)及浓度为 50 mg/L 的水杨酸(SA)处理玉米幼苗,喷施等量蒸馏水作为空白对照。他比较、分析低温胁迫下不同浓度 $CeCl_3$ 及 SA 对玉米幼苗多项生理指标的影响发现,处理后植株的相对含水量升高,且喷施浓度为 200 mg/L 的 $CeCl_3$ 与喷施 SA 提高相对含水量的效果相似。莫江楠以我国重要的油料作物油菜为研究对象,以"陇油8号"油菜品种为试验材料,结合转录组测序技术,分析了外源茉莉酸甲酯(MeJA)缓解油菜低温损伤过程中发挥作用的相关基因,并以相对含水量为指标鉴定了冷处理下处理组、对照组油菜低温抗性的差异。结果表明,与单独低温胁迫相比,MeJA + 4 ℃处理组油菜幼苗叶片的相对含水量升高,结合转录组和定量聚合酶链式反应(qPCR)分析结果说明,MeJA 预处理能够缓解低温胁迫对油菜幼苗的损伤,增强油菜的低温抗性。马英等人以观音莲(*Herba monachosori*)、姬星美人(*Sedum dasyphyllum*)、奥普琳娜(*Graptoveria* 'Opalina')、白美人(*Pachyphytum oviferum*)和虹之玉(*Sedum rubrotinctum*)5 种景天科多肉植物 3 年生扦插苗为试验材料,采用人工低温胁迫方法,通过对胁迫后植物叶片的相对含水量等指标进行测定,研究了低温对 5 种多肉植物的生理影响。结果表明,随着低温胁迫的加剧,5 种多肉植物叶片的相对含水量均呈上升趋势。另有研究表明:低温胁迫(3 ℃,16 h)和干旱胁迫(不灌溉 5 d)均导致番茄(*Solanum lycopersicum*)的相对含水量显著下降,这与水分流失有关;外源过氧化氢(H_2O_2)预处理可使冷胁迫下番茄叶片的相对含水量升高。总之,番茄暴露于这三种胁迫 42 h 后,干旱胁迫后叶片的相对含水量显著低于对照组,而冷胁迫后叶片的相对含水量显著高于干旱胁迫组和复合胁迫组。综上所述,随着处理温度的下降,植物的总含水量逐渐降低。在一定的范围内,随着处理温度的下降,自由水与束缚水的比值逐渐减小;超过一定的范围后,虽然自由水和束缚水的含量缓慢下降,但比值几乎不再有变化。自由水与束缚水的比值较小说明细胞液浓度高,保水能力强,抗寒能力强。

二、细胞膜结构

细胞膜又称质膜,是由磷脂双分子层、蛋白质及少量糖类组成的,其中蛋白质镶嵌在磷脂双分子层中,脂质和糖类结合成糖脂,蛋白质和糖类结合成糖蛋白。细胞膜具有重要的生理功能,它可以维持细胞内环境稳定,将植物细胞与外界环境隔离,同时可以使细胞与外界环境进行物质交换和信息传递。有研究表明,细胞膜最先感知低温胁迫并做出反应。低温胁迫可以使细胞膜发生相变,即由液晶态变为凝胶态,同时使蛋白质变性,使无序的脂肪链变得有序,使膜透性增大,导致电解质失衡。在正常情况下,细胞膜上有一些酶类附着,低温导致的细胞膜相变使这些酶游离而失去活力,腺苷三磷酸(ATP)合成受阻,光合磷酸化与氧化磷酸化解偶联,最终导致代谢紊乱,严重时导致植株死亡。膜质不饱和度决定了细胞膜的稳定性,膜质不饱和度越高,细胞膜的稳定性越强。抗低温能力较强的植物具有较高的膜质不饱和度,这使其在较低的温度下也能维持细胞膜的流动性,保持正常的生理代谢。受到低温胁迫时,许多植物体内会产生较多不饱和度较高的脂肪酸(亚麻酸、油酸和亚油酸等)来抵御低温。植物的膜质不饱和度一方面是由遗传稳定性决定的,另一方面低温锻炼和诱导也可以提高植物的膜质不饱和度。

郭楠楠开展了寻找适用于作物玉米的用量小、效果好且有安全保障的复合抗寒剂的相关研究,结果表明,叶面喷施抗寒剂后,低温抗性最强的玉米试验材料为"甘玉801",该玉米幼苗的膜脂过氧化水平明显较低。吴青霞以易遭春季冻害的作物小麦为研究对象,以"淮麦20"、"陕麦139"等8个春季耐寒性不同的小麦品种为试验材料,采用田间盆栽试验,探讨了春季低温胁迫下小麦的生理、生化反应及抗寒基因的差异表达,结果表明,药隔期低温胁迫后的小麦细胞膜比春季低温胁迫后的表现出较低的受损程度和较强的耐寒性。因此,细胞膜结构的受损程度是鉴定农作物抗寒能力的重要指标之一。

针对草类作物,研究人员对低温胁迫下暖季型草坪草细胞膜系统的变化情况(包括细胞膜结构、膜透性、酶活力的变化)做了描述,并提出当草坪草长期处于低于临界最低值的温度下时,细胞膜的结构和功能瓦解,膜透性丧失,外部形态上会表现出相应的变化(如叶片萎蔫或卷曲、叶片黄化、叶色变褐),草坪均一性下降,抗病虫害能力降低,最终导致草坪草干枯死亡,使草坪的观赏性和生态性降低。草坪草外部形态发生相应变化的直接原因是细胞膜系统的变化导致草坪草生长失调。植物处于低温条件下时,体内会产生相应的生理、生化变化(如细胞质流动性的变化,膜透性、结构和组分的变化,酶活力的变化,呼吸作用、光合作用等的变化,以及膜脂组分的变化,等等),以适应低温胁迫的影响,从而最大限度地适应低温环境。

采后果蔬冷害与果蔬膜脂代谢密切相关,膜脂的成分对保持细胞膜结构和功能的稳定性有重要作用,其中磷脂在膜脂组成中占主导地位。膜脂的成分及含量受膜脂降解相关酶的调节。在植物细胞中,磷脂酶D(PLD)、水解磷脂酰胆碱(PC)、磷脂酰肌醇(PI)生成磷脂酸和二酰甘油(DAG),脂肪酶催化DAG酯化,释放脂肪酸,脂氧合酶(LOX)氧化多不饱和脂肪酸(PUFA)产生过氧化产物。高活力的脂肪酶、PLD、LOX等膜脂降解酶会加速细胞膜脂的降解,从而导致细胞膜的结构和功能受损,降低果蔬的抗冷害能力。果蔬贮藏在冷胁迫环境中时,细胞膜会表现出高度的敏感性,膜脂中无序的脂肪酸会变得有序,并由原来的液晶态变为流动性差的凝胶态,膜收缩变形、出现破损,使细胞膜透性增强,细胞内电解质外渗,造成细胞内外离子失去平衡,膜结合酶的活力改变,导致相关代谢失调,产生并积累有害物质,破坏细胞膜的结构和功能,如线粒体膜脂相变会破坏线粒体内膜的完整性,阻碍能量的产生。细胞膜中不饱和脂肪酸含量与饱和脂肪酸含量的比值越大,膜脂发生相变的温度就越低,越有助于保持更强的膜流动性,从而阻碍细胞内离子外渗。近年来,相关学者针对此方面开展了很多研究。例如,周鹤以福建省橄榄主栽品种"檀香"果实为试验材料,在不同成熟期采收,研究在2 ℃和相对湿度为90%的环境下贮藏时果实成熟度与抗冷性的关系及其作用机理,对低温贮藏条件下第Ⅰ、Ⅲ、Ⅴ、Ⅶ成熟度橄榄果实的抗冷性与膜脂代谢等的关系进行了分析,结果表明,与第Ⅰ、Ⅲ、Ⅶ成熟度相比,第Ⅴ成熟度有利于降低采后低温贮藏橄榄果实(果皮、果肉)中PLD、LOX等膜脂降解相关酶的活力,延缓油酸、亚油酸、亚麻酸等不饱和脂肪酸相对含量的下降,维持较高的不饱和脂肪酸指数和脂肪酸不饱和度,即第 V 成熟度通过降低采后冷藏橄榄果实(果皮、果肉)膜脂降解相关酶的活力而减少膜脂不饱和脂肪酸的降解,较好地维持细胞膜结构的完整性,从而延缓采后冷藏橄榄果实冷害的发生。Yang 等人认为,自然条件下的低温锻炼可以提高木兰抵抗低温的能力,保证其顺利越过寒冷的冬季。有研究人员发现,12 ℃、3 d 的低温锻炼可以明显提高桑树幼苗的抗冷性,且经低温锻炼后的桑树幼苗叶片细胞的膜质不饱和度增强。

三、电解质渗漏

有研究表明,细胞膜是水稻细胞最先感知低温冷害的部位,其理化性质在低温下容易发生变化,从而导致细胞内电解质渗漏,因此电解质渗漏率常作为评价植物耐寒性的重要指标。另外,科学研究中常以相对电导率作为评价植物耐寒性的主要指标之一。

有研究表明,分别过表达 *OsOVP1* 和 *OsNAC5* 等基因会使水稻的电解质渗漏率降低,从而表现出对低温的耐受性。研究人员以玉米品种"豫单 2670"为试验材料,以电解质渗漏率为评价指标,研究了叶面喷施外源 SA 对玉米幼苗低温耐受力的影响,结果表明,0.5 mmol/L 外源 SA 预处理使玉米幼苗叶片的电解质渗漏率降低,提高了玉米幼苗对低温胁迫的抵抗能力。除幼苗外,研究人员还探讨了低温胁迫对玉米萌发期种子抗冷性的影响,结果表明,4 个玉米品种种子的抗冷性在低温处理后均有一定程度的提高,其中冷敏感品系"辽单 632"和"铁单 18"在 5 ℃低温处理后,相对电导率有较大幅度的波动,分别从 7.5%、12.0%上升至 41.0%、34.0%,而"郑单 958"、"吉单 415"作为耐冷品系,其相对电导率波动的幅度较小,因此 5 ℃低温处理的生理指标可以作为萌发期种子耐低温能力强弱的鉴定基础。罗美英对 T4 代转 *TaPK - R1* 基因小麦进行低温处理,通过统计存活率和测定电解质渗漏率等进行抗冷性鉴定,结果表明,过表达 *TaPK - R1* 基因可以提高转基因小麦对寒冷环境的适应性。

电解质渗漏率除可作为主要农作物的耐寒性鉴定指标外,还广泛用于果蔬的耐寒性评价。研究人员通过试验证明,低温贮藏会导致香蕉、柑橘和茄子等的细胞膜透性增大,细胞内电解质不断外渗,进而破坏细胞膜的完整性。杨莲等人采用盆栽试验方式对低温敏感型番茄品种"东农 708"及耐低温型番茄品种"东农 722"经 2,4-表油菜素内酯(EBR)和亚低温双重处理后的电解质渗漏率进行测定,发现外源施用 EBR 可有效缓解亚低温胁迫对番茄幼苗生长的抑制作用,显著降低电解质渗漏率,增强番茄幼苗的抗性。吴帼秀等人对黄瓜品种"津优 35 号"在低温胁迫下的抗寒性进行评价时也以电解质渗漏率作为主要指标,结果表明,低温胁迫 48 h 后,硫氢化钠(NaHS)处理和硝普钠(SNP)处理的黄瓜幼苗的电解质渗漏率显著低于对照组,这两种处理可增强黄瓜对低温胁迫的耐受力。高慧以"光 2 号"油桃为试验材料,研究了冷害温度下油桃果实的生理效应、呼吸,以及乙烯(ET)代谢相关酶、ROS 清除酶、LOX 活力的变化,同时研究了油桃果实内源 PA 含量、膜脂脂肪酸相对含量和内源激素含量的变化规律,结果表明,遭受冷害后,油桃果实有严重的电解质渗漏,且脱落酸(ABA)、玉米素核苷(ZR)含量增加。

四、ROS 清除系统

植物在遭受低温胁迫后,细胞膜的结构被破坏,电解质渗漏,此时植物体内代谢产生 ROS。植物代谢所产生的 ROS 主要包括 H_2O_2、氢氧根离子(OH^-)、羟自由基($\cdot OH$)、超氧阴离子自由基(O_2^-)等。ROS 主要由细胞膜、叶绿体、线粒体和过氧化物酶体等产生,其中叶绿体是主要的产生部位。在植物的生长过程中,ROS 是非常重要的信号分子,它参与植物细胞的分子、生理和生化反应,如可以参与植物的防卫反应和程序性细胞死亡过程等。然而,ROS 具有较强的毒性,过多的 ROS 累积能够对细胞内的蛋白质、糖类和遗传物质产生毒害,从而抑制植物的正常生长。为抵御低温胁迫,植物自身的 ROS 清除系统发挥作用,清除体内产生的多余 ROS,即正常的植物体内存在一整套抗氧化防御机制,随时清除细胞内多余的 ROS 分子。高等植物体内的抗氧化防御机制中有许多抗氧化酶及非酶抗氧化剂发挥作用,其中抗氧化酶包括超氧化物歧化酶(SOD)、过氧化物酶(POD)、过氧化氢酶(CAT)、抗坏血酸过氧化物酶(APX)、谷胱甘肽还原酶(GR)等,非酶抗氧化剂主要有抗坏血酸(ASA)和谷胱甘肽(GSH)等。除这些物质的含量发生变化外,与其相关的合成基因的表达量也会发生变化。因此,植物抵抗外界胁迫能力的强弱与 ROS 清除系统水平的高低有相关性，这些抗氧化酶和非酶抗氧化剂可作为评价植物低温耐受能力的重要指标。

很多研究表明，SOD、POD 和 CAT 的活力随胁迫温度的降低呈先增大后减小的趋势，说明低温可以诱导抗氧化酶活力的提高，从而缓解低温带来的伤害，但随着低温胁迫作用的不断增强，ROS 清除系统遭到破坏，酶活力下降，膜脂过氧化作用加强。SOD、POD 和 CAT 均为非常重要的抗氧化酶，其中 SOD 是参与抗氧化的第一个酶，其主要作用是清除 O_2^-，同时产生 H_2O_2。POD 和 CAT 通过酶促作用降解多余的 H_2O_2 等 ROS，避免植物遭受过氧化伤害。POD 不仅具有清除 ROS 的作用，还与木质素合成和细胞抗病有关。许多研究表明，在低温胁迫下，黄瓜、玉米、水稻等 SOD、POD 和 CAT 的活力随胁迫温度的降低呈先增大后减小的趋势。研究人员对低温胁迫下 6 种苗木的生理特性进行研究发现，低温处理后的大花五桠果叶片中 SOD 的活力显著大于对照组。此外，有研究表明，在这 3 种抗氧化酶中，SOD 和 CAT 对低温较敏感，随着温度的下降，其活力会迅速增大，而 POD 的活力变化不大甚至会略微下降，这可能是植物适应逆境所表现的一种积极的应对策略，即某种或某些代谢过程加强时可能会抑制另外的一些代谢过程。还有研究表明，SOD、POD、CAT 的活力增大和减小的速率与植物耐寒性有着密切的关系。

植物清除 ROS 的另一个酶促催化系统是 ASA – GSH 循环，该循环主要存在于叶绿体、线粒体和细胞质中。APX、ASA、GR 和 GSH 是该循环的重要组成部分。APX 主要存在于叶绿体中，而叶绿体中是不存在 POD 和 CAT 的，因此 APX 是叶绿体中清除 H_2O_2 的关键酶。根据 APX 在叶绿体中的位置可以将 APX 分为 4 种，分别为类囊体膜 APX（tAPX）、叶绿体基质 APX（sAPX）、细胞质 APX（cAPX）和微体 APX（mbAPX）。有研究人员对抗寒性不同的 2 个仁用杏品种进行 8 组不同低温处理（18 ℃ 为对照组），结果表明抗晚霜能力强的仁用杏品种 APX 的活力在低温胁迫下高出对照组最多。有研究人员分别对草莓和小麦进行了低温胁迫的研究，发现 APX 的活力与 H_2O_2 的含量正相关，且 APX 在清除 H_2O_2 的过程中发挥非常重要的作用。

水稻受低温等逆境胁迫时，细胞内氧代谢平衡会失调，产生 ROS，引发膜脂过氧化，从而造成细胞膜系统损伤。ROS 还会促进 PUFA 降解并产生 MDA，进而对植物组织和细胞造成损伤。水稻对氧化胁迫的保护机制有两大系统，即酶系统和非酶系统。有研究表明,过表达 APX 基因 *OsAPXa* 可以提高低温下 APX 的活力,减少细胞内脂类物质的过氧化反应和 MDA 的含量,从而提高水稻在低温下的结实率。赵训超针对低温胁迫下玉米幼苗叶片的生理学响应,运用转录组分析技术得出,在低温胁迫下,玉米幼苗根系 SOD、POD 的活力以及脯氨酸和 MDA 的含量随着处理时间的延长而提高,因此玉米叶片的耐冷性与膜脂结构及代谢有关。柯媛媛等人总结得出:由低温引起的 ROS 在小麦不同器官的积累均会影响小麦的生长发育;过量 ROS 通过影响叶片的光合作用和呼吸作用抑制"源"器官的生产,同时导致"库"器官小麦穗部花药的氧化损伤,进而败育,影响结实;低温引起的 ROS 积累会导致小麦根系细胞膜受损,膜质发生脱脂化及磷脂游离,阻碍根系对养分的吸收,从而导致减产。张文静等人指出:在分蘖期和拔节期受到低温胁迫后,小麦根系产生应激反应,SOD、POD 和 CAT 的活力均显著提高,且抗寒性强的品种对于低温胁迫的适应、调节能力强于抗寒性弱的品种;低温胁迫会导致根系膜脂的过氧化程度加剧,细胞内的营养物质流失,膜透性增大,相对电导率升高,造成小麦根系膜系统结构损伤。姜丽娜等人的研究表明:受到低温胁迫后,小麦根系的相对电导率升高,说明随着胁迫温度的降低,根系细胞膜受损伤的程度增大;低温胁迫下根系中 ROS 的大量积累致使膜脂中的不饱和脂肪酸发生过氧化作用,造成膜系统结构及功能损伤,最终导致小麦根系养分吸收受阻,地上部生长缓慢,植株细弱。

  果蔬采后在正常贮藏条件下,细胞中包括 ROS 在内的活性自由基的产生与清除整体处于相对平衡的状态。受到低温胁迫时,这种相对平衡会失调,导致 ROS 大量积累,而过量的 ROS 能损伤膜脂,引发并加速膜脂过氧化,使细胞膜的结构与功能受到损伤,同时影响 DNA、RNA、蛋白质和多糖等生物大分子的功能,表现出代谢异常和膜透性增大。植物体内的 ROS 主要产于线粒体呼吸链的电子漏,并作为电子传递过程中的中间产物在氧化磷酸化形成 ATP 中发挥重要作用,但细胞内 ROS 的积累量超过某一阈值时将引起膜脂中的不饱和键发生氧化和过氧化作用,进而打破细胞中 ROS 产生和清除的动态平衡,对整个膜系统的结构产生损伤,甚至造成膜系统的解体和功能丧失。可见,果蔬体内的 ROS 清除系统需要协调作用才能将 ROS 含量维持在较低的水平,保持细胞膜的正常功能,从而防止对细胞膜产生损伤。目前,一些采后处理能抑制 ROS 产生或 ROS 胁迫,从而减轻果蔬的冷害,例如 MeJA、SA、PA、γ-氨基丁酸、低温预处理、热激处理等均能提高果蔬抗氧化酶的活力,减少 ROS 积累,最终减轻果蔬采后的冷害。

李霞分析了交替氧化酶(AOX)在甘薯抵抗低温胁迫中发挥的作用,运用 cDNA 末端快速扩增法-聚合酶链式反应(RACE-PCR)技术结合转录组测序首次克隆了 2 个序列全长分别为 1 217 bp、1 547 bp 的甘薯 *AOX* 基因 *IbAOX1* 和 *IbAOX2*,综合分析结果表明 *IbAOX1* 为应答低温胁迫的主要基因,而 *IbAOX2* 对低温几乎没有响应,并且孕酮(PROG)处理能够进一步提高 AOX 在低温胁迫下的基因、蛋白表达,提高抗氧化酶 SOD、APX、CAT、GR 的活力,减少 ROS 的积累。因此,PROG 能够提高低温下甘薯 AOX 的基因、蛋白表达水平,从而提高甘薯的抗冷性。王雅楠以"布朗"李果实为试验材料,探究了 SA、ET 处理对李果实冷害程度和品质的影响,结果表明:SA 处理可以提高采后李果实的抗冷能力,并且显著提高 ASA-GSH 循环中抗氧化酶的活力,及时清除过量的 H_2O_2,降低李果实膜脂的过氧化程度,同时保证 ASA 和还原型 GSH 的再生,以及 ASA-GSH 循环系统的正常运行,增强李果实的抗冷能力;ET 处理可以显著降低李果实的冷害发生率和冷害指数,并推迟 POD 和多酚氧化酶(PPO)活力增强,延缓果肉褐变,减轻果实冷害程度,显著提高果实中 SOD 和 CAT 的含量,对细胞膜脂过氧化的发生起到一定的抑制作用。

五、光合作用相关指标

在低温胁迫下,植物细胞膜上的蛋白受到损伤,膜脂过氧化,蛋白和叶绿体的超显微结构遭到破坏,使叶绿体内的酶被破坏,从而使植物光合作用的速率下降。其中,磷酸烯醇丙酮酸羧化激酶(PEPCK)和丙酮酸激酶对植物中的二氧化碳进行固定与还原,是光合作用不可缺少的激酶,但是两者在低温下不稳定,使植物的光合作用受到影响。低温还会抑制植物对水分的吸收,造成植物叶肉细胞水分亏缺和叶片上气孔关闭,这些都会影响光合作用,使光合作用的速率下降。

叶绿素含量高低和叶绿素荧光参数[可变荧光/最大荧光,F_v/F_m,反映光系统(PS)Ⅱ的最大光化学效率]大小通常为判断植物耐受低温胁迫能力的重要指标。水稻在低温下会减少叶绿素合成以及叶绿体形成,因此叶绿素含量及

F_v/F_m 值的变化是检验水稻对低温胁迫耐受能力的重要指标。有研究表明,在水稻和烟草中过表达 *OsiSAP8* 可以在低温条件下显著提高植物的叶绿素含量及其对低温的耐受能力。此外,研究人员还发现,过表达 *OsAsr1* 的转基因水稻的 F_v/F_m 值显著升高,并在低温条件下表现出明显的生长优势。研究人员为探讨低温胁迫对玉米幼苗叶片光化学反应的影响机制,基于叶绿素荧光动力学原理对常温(25 ℃)和低温(2 ℃)处理的玉米幼苗叶片进行测量,分别获得快速叶绿素荧光诱导动力学曲线(OJIP 曲线)和荧光参数,并应用叶绿素荧光诱导动力学测定(JIP-test)法进行比较分析。结果表明:相较于常温处理,低温胁迫下玉米叶片的最大荧光和 PSⅡ的潜在光化学效率(F_v/F_o)分别减少 55.3%、65.9%,而初始荧光(F_o)基本没有变化;J 和 I 相的相对可变荧光 V_J 和 V_I 表现相反,V_J 增加 19.7% 而 V_I 减少 16.4%;反映 PSⅡ供体侧电子传递活性的 F_K 占振幅 F_0-F_J 的比例 W_K 增加 44.7%,放氧复合体的组分减少 13.1%;反映 PSⅡ受体侧电子传递活性的参数 S_m、M_0、N 分别增加 210.0%、49.6%、294.0%;反映量子产额或能量分配的参数 φ_{Po}、ψ_o、φ_{EO} 分别减少 24.9%、6.8%、29.7%,φ_{DO} 增加 141.0%;反映单位反应中心活性的参数 ABS/RC、TR_0/RC、ET_0/RC、DI_0/RC 分别增加 70.4%、24.7%、16.1%、328.0%,而单位面积有活性反应中心的密度 RC/CS_0 减少 37.4%;反映光合性能的参数 PI_{ABS}、PI_{CSm} 分别减少 81.6%、90.6%。综合分析玉米叶片光合作用过程中对低温胁迫的敏感性,其表现的低温逆境防御保护机制是:PSⅡ供体侧的放氧复合体损伤,导致 PSⅡ供体侧提供电子的能力下降,反应中心失活数量上升,而单个反应中心的效率增强,多余能量以热量形式散失,减少 ROS 的产生;低温胁迫造成的玉米叶片 PSⅡ供体侧损伤抑制电子的传递,进而影响光合性能。刘蕾蕾等人研究了自然温度日变化模式下低温处理对小麦光合性能及荧光性能的影响,以温度敏感性不同的 2 个小麦品种"扬麦 16"和"徐麦 30"为试验材料,于拔节期和孕穗期在全自动人工气候室中进行 4 个低温水平、3 个低温持续时间的处理,于低温处理期间及低温处理结束后 7 d 内每天测定小麦第一张全展叶的光合参数和荧光参数。结果表明:在低温处理期间,"扬麦 16"和"徐麦 30"叶片的净光合速率(P_n)、气孔导度(G_s)、蒸腾速率(T_r)、F_v/F_m、实际光化学效率($\Phi_{PSⅡ}$)、光化学猝灭系数(q_P)均随温度的降低而减小;在拔节期低温处理期间,叶片的 P_n、G_s、T_r、F_v/F_m、$\Phi_{PSⅡ}$ 和 q_P 随低温持续时间的延长呈先减小后增大的趋势,而在孕穗期低温处理期间则随低温持续时间的延长而减小;低温处理结束后,除孕穗期处理(最低温度、最高温度、平均温度分别为 $-6\ ℃$、$4\ ℃$、$-1\ ℃$)外,其他处理的叶片的 P_n、G_s、T_r、F_v/F_m、$Φ_{PSⅡ}$、q_P 和非光化学猝灭系数(q_{NP})均可恢复到正常水平;在低温胁迫下,相对 P_n 与相对 F_v/F_m、$Φ_{PSⅡ}$、q_P 呈显著的正相关关系,而与相对 q_{NP} 呈显著的负相关关系,且相对 P_n 与相对 $Φ_{PSⅡ}$、q_P 的相关性要高于相对 F_v/F_m 和相对 q_{NP}。因此,低温主要通过降低小麦叶片的 $Φ_{PSⅡ}$ 和 q_P,使小麦叶片的光合速率下降,进而减少小麦的干物质积累,最终导致产量下降。

六、可溶性蛋白

可溶性蛋白是一种能够提高植物保水能力和降低细胞组织间结冰可能性的亲水性较强的渗透调节物质,是植物调节渗透压的重要物质之一。在低温环境下,植物细胞的膜系统受到一定的损伤,导致植物细胞的内外渗透压因自身合成物质增多而增大,从而严重影响植物细胞的生长发育。大量研究表明,植物的耐寒性与其体内可溶性蛋白的含量密切相关,耐寒性强的品种体内可溶性蛋白的含量较高。对低温胁迫下甜樱桃的研究表明,可溶性蛋白的含量会随温度的降低而有所改变,即耐寒性强的品种体内可溶性蛋白的含量增加得较多。对低温处理 7 d 后的冬小麦的研究表明,其可溶性蛋白的增加量是未经低温处理小麦品种的 3.5 倍。卢存福等人对越冬期的小麦进行研究发现,在低温胁迫过程中,细胞内全蛋白及核内碱性蛋白均有所增加。在低温胁迫下,研究人员用 35S 和 14C–亮氨酸分别对耐寒植物进行标记,发现这些植物体内可溶性蛋白的含量明显增加,不耐寒植物体内可溶性蛋白的含量略有增加,但耐寒性与胁迫前并无差异,研究人员对杏在低温胁迫下耐寒性的研究也证明了这点。

此外,研究人员整合可溶性蛋白和其他生理指标,构建了完整的植物抗寒性评价体系。例如,研究人员为探究淹水对低温胁迫下直播早籼稻秧苗生长的影响,以耐冷品种"湘早籼 6 号"和冷敏感品种"中嘉早 17"为试验材料,设置低温处理(8 ℃)、低温淹水处理(8 ℃ + 淹水)与常温对照(25 ℃)3 个处理(处理 3 d),分析秧苗的农艺性状、抗氧化酶活力、渗透调节物质含量、光合酶活力和内源激素含量等多个生理特性。结果表明,与低温处理相比,低温淹水处理显著降低叶片抗氧化酶(SOD、POD、CAT)的活力以及可溶性蛋白、渗透调节物质

(MDA、脯氨酸)、内源生长抑制类激素(ABA)的含量,同时显著增加内源生长促进类激素(赤霉素GA)的含量;低温淹水处理可减少植物体内ROS的积累,减轻膜脂过氧化,加强内源激素的调控作用。同时,低温和低温淹水处理显著降低叶片叶绿素、ATP的含量,导致光合酶(核酮糖-1,5-双磷酸羧化酶/加氧酶、PEPCK)的活力降低,但低温淹水处理的影响小于低温处理,低温淹水可起到缓解作用,且在恢复处理后,低温淹水处理组植物的各项生理活性指标更接近对照组。此外,与冷敏感品种相比,耐冷品种可缓解低温胁迫产生的损伤。由此可知,低温处理影响直播早籼稻秧苗的生长特性,降低秧苗光合酶的活力,同时提升叶片抗氧化酶的活力与渗透调节势,而淹水处理有助于缓解低温胁迫造成的叶片生理损伤。研究人员对棉花种子吸胀萌发期对于低温胁迫的响应进行研究,多指标鉴定和综合评价萌发期供试品种(系)的耐冷性,分析耐冷试验材料和冷敏感试验材料萌发期的生理、生化特性,测定了53份陆地棉(*Gossypium hirsutum*)品种(系)在种子吸胀阶段的低温吸胀速率和低温相对吸胀速率,以及低温胁迫下萌发期的发芽指数、活力指数、平均发芽时间、平均发芽速率、发芽势、发芽率、萌发指数、芽鲜重、芽干重、胚鲜重、胚干重、物质效率和物质增长率等指标,采用相关分析、主成分分析、隶属函数分析和聚类分析等方法对吸胀萌发期的15项形态指标进行耐冷性综合评价,同时测定低温胁迫下不同耐冷性试验材料的抗氧化酶活力、渗透调节物质浓度的变化和抗氧化酶基因的表达规律,结果表明,在低温胁迫下,耐冷试验材料种胚内的可溶性蛋白浓度始终显著高于冷敏感试验材料。因此,POD、SOD、CAT的活力及可溶性蛋白的浓度可作为棉花萌发期耐冷性鉴定的生理指标。白淼等人以马铃薯品种"费乌瑞它"和"DR-2"的组培苗为试验材料,用低温培养箱对马铃薯组培苗进行低温胁迫处理,分别测定其SOD活力、游离脯氨酸含量、可溶性糖含量、可溶性蛋白含量和蛋白质浓度。结果显示,受到低温胁迫后,2个马铃薯品种的SOD活力、游离脯氨酸含量、可溶性糖含量、可溶性蛋白含量总体上呈先升高后下降的趋势,蛋白质浓度呈下降趋势,含量低于对照组。相关分析结果表明:可溶性糖含量与游离脯氨酸含量显著正相关,与蛋白质浓度显著负相关;可溶性蛋白含量与蛋白质浓度显著负相关。他们运用隶属函数分析法对马铃薯的抗寒性进行综合评价发现,马铃薯品种"DR-2"的抗寒性高于"费乌瑞它"。程嘉惠等人为探讨不同草莓品种在低温胁迫下的生理变化规律和抗寒能力,以4个草莓品种为试验材料,测定了叶片相对电导率、可溶性蛋白含量、脯氨酸含量、MDA 含量、SOD 活力等生理指标。结果表明:随着胁迫温度的下降,草莓叶片相对电导率增大,保护性物质(可溶性蛋白、MDA、脯氨酸等)的含量升高,保护性酶 SOD 的活力降低;可溶性蛋白等渗透调节物质在草莓低温胁迫的不同阶段起到不同程度的保护作用。张红梅等人以 17 份黄瓜高代自交系为试验材料,研究了人工模拟低温弱光对黄瓜幼苗的冷害指数、叶绿素含量、光合作用效率、抗氧化酶活力及渗透调节物质含量的影响,其中渗透调节物质包括可溶性蛋白。结果表明,低温弱光处理 8 d 后,黄瓜幼苗出现不同程度的冷害症状,所有试验材料的可溶性蛋白含量增加,可用于抗逆品种选育。

七、可溶性糖

可溶性糖是植物在低温逆境中的细胞渗透调节物质,可以稳定细胞膜和原生质胶体,同时为其他有机物的合成提供碳骨架和能量。

在植物细胞内,海藻糖是重要的糖类物质之一。海藻糖是生物体应对外部环境变化所产生的一种典型的应激代谢物,可以保护机体抵抗外部的恶劣环境。植物细胞内的海藻糖会强有力地束缚水分子,与膜脂共同拥有结合水,或海藻糖本身起到膜结合水的作用,从而防止生物体膜和膜蛋白变性等。因此,在受到低温胁迫时,海藻糖独特的吸水能力使得其能够大大增强植物的抗寒能力。有研究表明,某些植物对低温表现出的耐受性与其体内的海藻糖有直接关系。此外,海藻糖还能在低温胁迫下起到维持生物大分子稳定性的作用。研究人员提出,水稻在低温逆境下会积累大量的可溶性糖,包括蔗糖、己糖、棉子糖、葡萄糖、果糖和海藻糖。过表达合成海藻糖的关键基因 *OsTPP1*、*OsTPP2* 和 *OsTPS1* 均能显著提高水稻对低温的耐受性。水稻在孕穗期,特别是在花粉母细胞减数分裂期遇低温时,可溶性糖在花药中积累,同时蔗糖分解酶的活力降低,单糖转运蛋白的表达量下降,从而导致供应到绒毡层和花粉粒的蔗糖不足,而蔗糖是合成淀粉的主要成分,这会造成花粉不育。有研究表明,外施蔗糖能极大地提高低温下水稻花粉的可育性,并提高结实率,这可能是因为在低温下,虽然"流"(从花药到花粉)受阻,但是增加外源的蔗糖最终仍能增加"库"(花粉)的蔗糖含量,进而使合成淀粉量增多,可育花粉增多,结实率提高。

可溶性糖的积累不仅可以提高细胞渗透浓度、降低水势、增强保水能力，而且可以诱导 ABA 的形成，进而诱导蛋白质的合成。张文娇和王小德研究了低温胁迫对 5 个不同品种梅花生理特性的影响，发现梅花幼苗叶片中可溶性糖的含量随温度的降低逐渐增加，耐寒性越强的品种，低温条件下叶片中可溶性糖的含量越高。欧文军等人对低温胁迫下木薯组培苗叶片的生理代谢指标进行研究，结果表明，随着胁迫时间的延长，叶片的可溶性糖含量不断增加，根据相关分析和主成分分析结果得出，可溶性糖含量是判定木薯耐寒性的主要生理指标之一。

八、脯氨酸

渗透调节物质含量的变化与植物低温胁迫也有联系，其中针对可溶性蛋白和脯氨酸的研究较多，往往是将其与其他生理指标共同构成植物抗逆差异的评价体系。脯氨酸是植物蛋白质的组分之一，以游离状态广泛存在于植物体内，是一种亲水性有机溶剂，与细胞水势负相关。有研究表明，很多植物受到低温胁迫时，其细胞内都会积累脯氨酸，脯氨酸及其相关基因、酶的反应速率增大。在逆境条件下，植物体内脯氨酸的含量会显著增加，植物体内脯氨酸的含量在一定程度上反映植物的抗逆性。在低温条件下，植物组织中脯氨酸的含量增加，可提高植物的抗寒性，因此低温胁迫下植物细胞的脯氨酸积累能力与植物的抗寒性正相关。然而，同样是受到低温胁迫，有些植物会出现负相关的情况。

李飞发现，马铃薯植株脯氨酸含量与抗寒性有高度相关性，抗寒性越强的植株，脯氨酸含量越高。有研究人员认为，抗寒性弱的植物品种感受到冷胁迫时会立即累积大量脯氨酸来抵御寒冷对植物组织的伤害，其中脯氨酸含量高峰出现较晚的植物品种具有较强的抗寒性。在某些花卉中，脯氨酸的含量在受到低温胁迫时依旧维持在一个稳定的动态平衡中，脯氨酸的含量在细胞中基本保持不变。近年来，研究人员发现，在低温下，水稻会积累大量的脯氨酸。脯氨酸广泛参与渗透调节、碳氮代谢，保护多数酶类物质，避免其变性失活。同时，脯氨酸还具有稳定多聚核糖体、维持蛋白合成的作用。在逆境条件下，脯氨酸还能够清除逆境反应产生的过量氢离子（H^+），维持细胞质有氧呼吸的最佳酸碱度。另外，脯氨酸通过其亲油基与蛋白质结合来提高蛋白质的亲水性。有研表明,过表达 OsCOIN、OsMYB2、OsMYB4、OsMYB3R-2、OsZFP245 等基因的植株均表现出脯氨酸含量显著增加和低温耐受力增强。

九、MDA

MDA 是膜脂过氧化的终产物,MDA 及其中间产物会引起植物体内蛋白质、核酸等生物大分子的交联聚合,低温胁迫严重时还可能发生氢抽提反应,使蛋白质分子成为蛋白质自由基,相互作用后形成聚合体,且具有细胞毒性。相较于其他生理指标,MDA 作为终产物更能反映植物在逆境中的抗氧化潜力和组织氧化损伤程度。此外,MDA 的产生还能加剧细胞膜的损伤。因此,在植物衰老生理研究和抗性生理研究中,MDA 含量是一个常用指标。

王乾以喜温性蔬菜作物甜瓜为研究对象,以筛选出的冷敏感型 IVF004 和耐冷型 IVF571 薄皮甜瓜幼苗为试验材料,研究单独施用不同激素对低温胁迫下 2 个甜瓜品种抗寒性的影响,发现喷施激素均能在一定程度上使甜瓜叶片中 MDA 的含量下降。张盛楠以 MDA 含量为重要指标,鉴定了不同水稻品种(SJ10、DN428)在孕穗期冷水胁迫下的耐寒性差异。结果表明:与对照组相比,在孕穗期冷水胁迫下,SJ10、DN428 功能叶片和根系中 MDA 的含量显著升高,并随着冷水胁迫天数的增加而升高;SJ10 功能叶片和根系中 ROS 含量上升的幅度大于 DN428;冷水胁迫结束后,SJ10、DN428 功能叶片和根系中 ROS 的含量均显著下降。姜玉晴对 H_2O_2 浸种后的花生种子的萌发情况进行测定,分别测定了萌发过程中 MDA 和脯氨酸的含量,以及脯氨酸代谢过程中 3 个关键酶的活力,结果表明,2 种类型的花生种子内 MDA 和脯氨酸的含量都随低温胁迫时间的延长而不断升高,而经 1% 的 H_2O_2 浸种处理后的花生种子内 MDA 的含量低于未经浸种处理的,脯氨酸的含量高于未经浸种处理的。因此,MDA 作为植物膜脂过氧化的终产物,其含量是鉴定植物耐寒性差异的绝佳之选。

十、PA

PA 是细胞中带正电的小脂肪分子,可结合及稳定带负电的大分子,还可保护细胞免受应激损伤,并参与应激信号的转导。PA 作为一种外源调节物质能够调节植物的多项基本生理过程,如诱导种子萌发,延缓叶片衰老,影响植物花器官的形成与发育,促进果实发育与成熟,等等。近年来,多项研究表明 PA 及其生物合成途径在植物抗冷反应中发挥重要作用。

精氨酸和鸟氨酸是植物中 PA 生物合成的氨基酸来源。在拟南芥(Arabidopsis thaliana)中,PA 的生物合成依赖精氨酸途径,而精氨酸脱羧酶(ADC)需要活性限制酶来合成腐胺(Put),这是拟南芥冷应激代谢过程中的关键物质。Put 也是高分子量 PA 亚精胺(Spd)和精胺(Spm)的前体,分别由 Spd 合成酶与 Spm 合成酶催化反应生成。还有研究人员探讨了聚酰胺积累对植物低温耐受力的影响。当小麦叶片暴露于低温环境中时,Put 的积累增加 6~9 倍,Spd 的积累较少,而 Spm 的积累略有减少。紫花苜蓿在低温胁迫下也积累 Put。Hummel 等人的研究表明,耐冷性与 PA 的增加有关,PA 的含量可能是衡量抗坏血草幼苗耐冷性的重要标志。宋永骏以低温耐受性不同的 2 个番茄品种(耐低温品种 Mawa 和低温敏感型品种 Moneymaker)为试验材料,研究了 PA 与番茄低温耐受性响应机制的关系。结果表明,低温驯化后,2 个品种叶片中的 Put 有明显的积累,而且在耐低温品种 Mawa 中的积累量大于低温敏感型品种 Moneymaker。2 个品种叶片中 Spd 的含量也有所增加,但不明显。Spm 含量在 Mawa 中的变化趋势没有明显的规律,在 Moneymaker 叶片中的含量与常温对照组相比反而下降。此外,2 个品种的 ADC 活力均有所提高,然而鸟氨酸脱羧酶(ODC)的活力并没有明显的变化。耐低温品种 Mawa 叶片中的二胺氧化酶(DAO)活力、多胺氧化酶(PAO)活力、可溶性糖含量、可溶性蛋白含量在低温驯化过程中均高于低温敏感型品种 Moneymaker。因此,在 3 种 PA 中,Put 可能作为一种保护性物质而与番茄低温耐受性的关系最为密切,其含量的变化主要取决于合成代谢中的 ADC 与分解代谢中的 DAO。此外,外源喷施 Put 及其合成抑制剂 D-Arg 对番茄幼苗生长的影响不同。低温能够明显抑制 2 个品种番茄的长势以及干鲜重的增加,喷施 1 mmol/L 的 D-Arg 会加剧低温的这种抑制作用,而在此基础上喷施 1 mmol/L 的 Put 后,低温的这种抑制作用会明显缓解。总之,胺代谢响应低温驯化与渗透调节物质和膜脂过氧化产物有关,外源 Put 对植物的低温耐受性也有正调控作用。

十一、黄酮类化合物

黄酮类化合物作为植物次生代谢物,通常被认为是在植物生命过程中没有根本作用的化合物,但它们对植物与其环境相互作用以适应和防御胁迫非常重要。在高等植物中,各种各样的次生代谢物是由初生代谢物(如碳水化合物、脂肪和氨基酸)合成的。它们是植物防御食草动物和病原体所需要的,往往能保护植物免受环境的压力。次生代谢物也有助于植物产生特殊的气味和颜色。植物次生代谢物是食品添加剂、香料、药品和重要工业药剂的独特来源。植物次生代谢物包括 Ca、ABA、SA、PA、茉莉酸(JA)、氮氧化物等化合物,参与植物的胁迫反应。次生代谢物的积累经常发生在受到胁迫的植物中,这些次生代谢物包括各种激发子或信号分子,在植物逆境生理适应方面具有重要意义。这些化合物的产量通常很低(干重不到 1%),并且在很大程度上取决于植物的生理、发育阶段。

黄酮类化合物是植物受强光、紫外辐射、低温和干旱等多种环境因素诱导产生的一类多酚化合物,在植物生长发育与逆境环境适应等方面具有重要的生理功能。黄酮类化合物在低温下积聚在叶子和茎中,它们通过苯丙醇途径合成,该途径受关键酶(包括苯丙氨酸解氨酶和查尔酮合成酶)控制。近年来,针对黄酮类化合物参与植物低温响应的研究多集中在运用组学技术挖掘黄酮类基因,目前尚缺乏更详细的机制研究。

佘露露以西藏绵头雪莲(*Saussurea laniceps*)愈伤组织为试验材料,基于转录组测序数据,分析绵头雪莲低温驯化过程中黄酮类化合物的积累与差异表达基因的变化。结果表明,随着绵头雪莲愈伤组织低温驯化时间的延长,黄酮类化合物的积累逐渐增加,并于第 9 天达到峰值,为驯化前的 1.7 倍。他们基于绵头雪莲低温转录组测序数据和差异表达基因(DEG)分析技术,鉴定出与黄酮类化合物合成调控相关的差异表达基因共 31 条,发现绵头雪莲黄酮类化合物通路存在花青素和异黄酮两个重要分支途径。低温驯化后,绵头雪莲 *PAL*、*C4H*、*4CL*、*F3'H*、*IFR*、*OMT1*、*UGT*、*MRP3* 等基因的表达水平提高,这与低温驯化使黄酮类化合物合成增加的趋势是一致的。另有研究表明,冷应激诱导转录组修饰,增加黄酮类化合物的生物合成。

十二、AFP

(一) AFP 概述

1. AFP 的发现

AFP 广泛存在于各种耐寒生命体中。1969 年，De Vries 等人在南极麦克默多海峡的一种深海鱼中首次发现了 AFP，而后研究人员在昆虫、真菌、细菌、藻类植物及许多高等植物中先后发现了 AFP。其中，有关植物体内 AFP 的研究起步相对较晚，直到 20 世纪 90 年代初期才陆续开展。近年来，对于植物 AFP 的研究已取得较多进展，成为植物耐低温机制研究中较为活跃、发展较为迅速的热点之一。

2. 植物 AFP

自 20 世纪 60 年代首次发现鱼类 AFP 以来，AFP 的研究对象先后从极区鱼类、昆虫和嗜寒真菌及细菌逐渐转移到植物上。相较于其他 AFP，对于植物 AFP 的研究较晚，但研究材料覆盖范围广，包括蕨类植物、裸子植物、双子叶植物和单子叶植物等。第一个植物 AFP 于 1992 年在黑麦（*Secale cereale*）中被发现，至今已在 60 余种植物中检测到 AFP，并从其中 15 种植物中纯化得到该蛋白。这些 AFP 存在于植物体的不同位置，包括种子、树皮、树枝、嫩芽、叶柄、叶片、花、浆果、根及块茎。迄今为止，植物 AFP 中以胡萝卜（*Daucus carota*）AFP 和黑麦草（*Lolium perenne*）AFP 研究得最为详细。

关于胡萝卜 AFP 的研究最早可追溯到 1998 年。研究人员从冷驯化后的胡萝卜主根的非原质体提取物中提取、纯化得到胡萝卜 AFP，又进一步通过十二烷基硫酸钠-聚丙烯酰胺凝胶电泳（SDS-PAGE）和等电聚焦（IEF）确定该蛋白的分子量，结果表明该蛋白的大小约为 36 kDa。研究人员将该蛋白基因转入拟南芥中，发现该蛋白在转基因拟南芥植株中有抗冻活性。进化分析结果表明，该蛋白与多半乳糖醛酸酶抑制剂家族有很高的相似性（50%~65%）。2002

年，Fan 等人将一段该蛋白的表达序列转入原核生物大肠杆菌（$E.\ coli$）中，在异丙基硫代 – β – D – 半乳糖苷的诱导下表达了分子量约为 60 kDa 的融合蛋白。2014 年，Sarma 等人将胡萝卜 AFP 的基因转入番茄中，该蛋白在番茄体内成功表达，并提高了番茄的抗寒能力，他们又测定了低温胁迫后转基因番茄的电导率变化，结果表明该 AFP 保护了膜系统的稳定性，减少了电解质的渗出。

针对黑麦草 AFP 的研究也较为深入，目前研究人员已从多年生黑麦草中分离得到 4 个编码 AFP 的基因，即 *LpIRI1* ~ *LpIRI4*。其中 *LpIRI2* 因其部分亮氨酸富集重复区（LRR 区）被删除而被认为是假基因。Aleliunas 等人研究了 *LpIRI1* 的单核苷酸多态性（SNP）与抗寒性的关系，结果表明在低温胁迫下，*LpIRI1* 的等位基因变异对保证多年生黑麦草细胞膜的完整性至关重要，可为发掘强抗寒性的黑麦草品种提供理论依据。Zhang 等人从多年生黑麦草中克隆得到 2 个新型 *IRI* 基因：*LpIRI – a* 和 *LpIRI – b*。他们通过实时荧光定量反转录聚合酶链式反应（RT – qPCR）分析得知，在冷诱导下，这 2 个基因的表达量均增加。冷诱导 1 h 后，*LpIRI – a* 的表达量增加 40 倍，*LpIRI – b* 的表达量增加 100 倍；冷诱导 7 d 后，它们的表达量分别增加 8 000 倍和 1 000 倍。他们将这 2 个基因分别转入拟南芥中，并通过低温胁迫试验观察转基因拟南芥的表型变化，测定存活率和电导率等指标，得到转基因拟南芥的抗寒能力高于不含 AFP 基因的拟南芥；将这 2 个基因在原核生物 $E.\ coli$ 中过表达，发现这 2 个基因增强了宿主细胞的抗寒能力。该研究从多种角度证明了 AFP 可提高植物的耐寒性。

除此之外，研究人员也在一些耐寒性较强的草类植物和林木［如沙冬青（*Ammopiptanthus mongolicus*）、欧洲云杉（*Picea abies*）、连翘（*Forsythia suspensa*）、南极发草（*Deschampsia antarctica*）、蜡梅（*Chimonanthus praecox*）、沙棘（*Hippophae rhamnoides*）等］中分离得到 AFP 的基因。

3. AFP 的性质

（1）AFP 的热滞（TH）活性

有研究表明，AFP 能以非依数性的形式降低溶液冰点，溶液的熔点并不因此改变，这样冰点与熔点之间存在差值，这个差值称为 TH 值，此现象为 AFP 的 TH 活性。影响 TH 活性的因素大致包括 AFP 的浓度、肽链的长度及其他小分子溶质。当 AFP 的浓度较大时，TH 活性也较大。分子量大的糖肽相较于分子量小的糖肽活性强。柠檬酸盐、氯化钠(NaCl)等一些小分子溶质会在一定程度上影响 TH 活性。

(2) AFP 可修饰冰晶形态

冰晶具有一定的形态,AFP 对冰晶有一定的修饰作用,可改变冰晶的生长习性,通过与冰晶分子的表面结合,使冰晶分子的外围排列顺序发生改变,导致冰核的生长方向也随之改变。冰晶的生长特性为以平行于晶格基面(a 轴)为主要生长方向,而在垂直于基面(c 轴)的方向很少生长,因此冰晶多呈扁圆状。当 AFP 存在时,浓度较低的 AFP 会抑制冰晶沿 a 轴生长,冰晶多呈六边柱形;浓度较高的 AFP 会使冰晶沿 c 轴生长,冰晶多呈六边双棱锥形或针形。AFP 的这种作用可在生物体内通过调节、修饰胞外冰晶的生长形态来减少冰晶对细胞膜的机械损伤。

(3) AFP 可抑制冰晶重结晶

详细了解冰晶的形成过程可以更好地理解 AFP 的该特性。冰晶呈六边形,每个冰晶有 2 个不同的棱面,即底面和棱镜平面,相邻冰晶之间靠氢键结合,冰晶增长的本质是冰晶间水分子的快速扩充。在寒冷环境中,冰晶重结晶会加剧低温对植物细胞膜的损伤。当冰晶发生重结晶时,晶体颗粒之间会重新分配,导致冰晶大小差异增大,即大的冰晶越来越大,小的冰晶越来越小。当 AFP 存在时,AFP 不可逆地结合在冰晶上,可以修饰冰晶结构,使冰晶之间水分子的扩充受到抑制,这种抑制作用体现为可以使冰晶重结晶时均匀分配,形成体积较小且均匀的冰晶。

(二) 植物 AFP 的研究进展

1. 植物 AFP 的特性

植物 AFP 具有大多数 AFP 的通有性质,即 TH 活性和冰晶重结晶抑制(IRI)活性。在 AFP 与冰晶结合的过程中,溶液的冰点不由溶液的依数性决定,而熔点却由溶液的依数性决定,故 AFP 的存在只影响溶液的结冰过程而不影响熔化过程,这使溶液的冰点低于熔点,即 AFP 表现出 TH 活性。AFP 与冰的不可逆结合可以修饰冰晶结构,导致冰晶的增长受到抑制,表现出 IRI 活性。这 2

个特性是既互补又独立的。

当AFP存在时,细胞液的冰点大幅降低,可以在一定程度上阻止植物体内冰晶的形成,AFP降低冰点的效率约为其他溶质分子的500倍。在TH现象中,冰晶以过冷液体的形式稳定存在。最近也有研究表明,AFP使冰晶以过热的形式存在,这种蛋白也与冰晶相结合,但阻止冰的融化。过热现象多出现在活性很强的AFP中,比如MpAFP(一种细菌AFP)能在0.44 ℃时使冰晶保持稳定性。但是,LpAFP(一种多年生黑麦草AFP)不能让冰晶在过热状态下保持稳定性。尽管所有AFP都有TH活性,但活性强弱不尽相同。昆虫AFP的TH活性最强(3~5 ℃),鱼类AFP次之(2 ℃),而植物AFP的活性一般为0~2 ℃。有人认为AFP的TH活性与AFP的浓度正相关,比如当昆虫AFP的浓度小时,其TH活性也较弱,当AFP的浓度增大时,其TH活性也大幅增强。但在植物体内,当AFP的浓度增大时,其TH活性并非都显著增强。

冰晶的形成源于水分子的结晶效应,而冰晶增长的本质是冰晶的重结晶,即由小分子冰晶变为大分子冰晶。大分子冰晶作用于质膜时才会导致细胞死亡。AFP可以抑制冰晶的重结晶并控制冰晶大小,以避免冰晶对细胞造成物理性损伤。通常,植物AFP的IRI活性很强。例如,在胡萝卜、草类等越冬植物中,AFP的TH活性较弱,而这些蛋白的IRI活性比鱼类、昆虫的IRI活性强。研究人员从黑麦草中分离得到的AFP也具有弱TH活性和强IRI活性。但是,IRI活性并非判断一个蛋白是否是AFP的要素,因为一些蛋白可以抑制冰晶边界水分子迁移从而达到抑制重结晶的效果,但其并无TH活性。

然而,最近也有研究表明,AFP的TH活性和IRI活性是2个完全独立的特性,二者并无联系。研究人员以黄粉虫AFP(TmAFP)为研究对象,发现该蛋白的TH活性是普通Ⅲ型AFP的10倍,而其IRI活性却是普通Ⅲ型AFP的1/4。在冰晶结合位点发生突变后,AFP的这2个活性都会丧失,虽然二者是2个完全独立的特性,但可能共用相同的冰晶结合位点残基。

2. 植物AFP的结构特点

有研究表明,不同植物的AFP在核苷酸和氨基酸水平上存在明显差异,同源性较低,但都具有2个保守性极强的功能结构域,且这些蛋白的高级结构具有较高的相似性,尤其是在冰晶结合位点上相似性极高。AFP有2个保守功能结构域,一个为存在于 C 端的重结晶抑制区(IRI 区),另一个为存在于 N 端的 LRR 区。IRI 区为含有部分保守氨基酸的重复区,基本组成单元为 NxVxG 或 NxVxxG,其中 x 代表不保守氨基酸。IRI 区氨基酸发生 β 折叠后成为冰晶结合位点。此外,IRI 区重复单元数与 IRI 区进化密切相关。LRR 区是植物体内多种蛋白的功能结构域,尤其是在一些与逆境相关的蛋白(如抗旱蛋白、抗病蛋白、病程相关蛋白等)中。此外,该氨基酸序列还包括一个由 2~30 个氨基酸组成的信号肽,该信号肽与蛋白转运及蛋白分泌途径密切相关,所以该信号肽可能在细胞外基质中被检测到。

3. 植物 AFP 的高级结构

由于针对植物 AFP 的研究相较于鱼类 AFP、昆虫 AFP 起步晚,而且植物 AFP 的 TH 活性很弱,因此研究人员并没有给予足够的重视,这都在一定程度上限制了对植物 AFP 的深入研究,尤其是在植物 AFP 的高级结构及抗冻机制方面。研究人员发现,虽然植物 AFP 在 DNA 和氨基酸水平上都存在较大的差异,同源性极低(在来源差异大、相距较远的物种之间表现得更为明显),但这些不同来源的 AFP 的高级结构却相似,尤其是在冰晶结合位点处相似性很高。与基因和氨基酸结构相比,对于 AFP 高级结构的研究仍然较为滞后。随着研究人员对胡萝卜 AFP 和多年生黑麦草 AFP 研究的逐渐深入,关于植物 AFP 高级结构的研究也拉开帷幕。

基于前人对 LpAFP 一级结构的研究,张党权等人描述了 LpAFP 的理论三维结构模型,认为其由若干个 β 螺旋叠加而成,每个螺旋含有 14~15 个氨基酸残基,每个螺旋即为一个重复单元(NxVxG 或 NxVxxG),并推测这个重复单元含有冰晶结合位点。其中,保守缬氨酸位于螺旋的内部,形成稳定的疏水中心。他们还用"表面互补"模型来解析 AFP 与冰晶之间的作用模式。但是,因没有关于 LpAFP 冰晶结构或核磁共振(NMR)结构的研究,故他们对于该蛋白高级结构的研究仍处于推测阶段。张党权等人还预测了胡萝卜 AFP 的理论三维结构模型,推测胡萝卜 AFP 也是由若干个 β 螺旋组成的,主要描述了 LRR 基序可能形成的结构,认为保守亮氨酸形成疏水中心,并位于 β 螺旋的内部,对该结构起到稳定作用。

(三) AFP 抗冻特性的应用

1. AFP 在食品领域的应用

随着生活质量的提高,人们对食品品质的要求不断提升。低温使许多食品结冰或结晶,导致细胞组织结构遭到破坏,严重影响食品品质。AFP 在食品领域的应用主要集中在其作为食品添加剂,用于猪肉的冷冻,面团、冰淇淋的制作,以及果蔬的保鲜等,通过抑制冰晶的生长减少营养成分损失,提高食品品质。有研究人员在屠宰羔羊前将 AFP 注入其体内,将屠宰后的肉体经真空包装后在 $-20\ ℃$ 冷冻保存 $2\sim16$ 周,解冻后发现屠宰前注入 AFP 可有效降低冰晶体积和液滴数,出现的冰晶体最小。

2. AFP 在农业领域的应用

冷害严重影响农作物、果蔬等的正常生长,尤其是低温冻害可能直接使植物死亡。传统育种方法因耗时长、程序复杂而限制了植物抗冻性的提高。近年来,基因工程技术快速发展,研究人员运用该技术将外源高效 AFP 的基因转移到受体植物上,若目的基因成功表达,则所得转基因植物的抗冻性会有明显的改善。

在寒冷环境下,植物的细胞膜系统最先受到低温影响,细胞外最先形成冰晶,之后细胞内的水分外流导致细胞严重脱水,从而使细胞膜系统遭受破坏。如果将 AFP 的基因通过基因工程技术转移到抗冻性较差的植物上,则目的基因成功表达后可以在植物体内抑制冰晶生成和重结晶,起到稳定细胞膜结构的作用,显著提高植物的抗冻性。研究人员将冬黑麦 AFP 的基因转入拟南芥后发现,成功表达的 *AFP* 基因通过增强细胞膜在低温下的稳定性从而提高拟南芥的抗冻性。

第三节　植物响应低温的分子机制

处于低温胁迫环境中时,植物体对寒冷做出应答反应,这是各类组织器官、细胞等共同作用的结果，但植物体内的组织器官、细胞及细胞器在空间上相互隔离，因此这些部位之间信息和信号的传输极其重要。各种参与细胞内外冷信号感知、传递与应答的细胞组分共同构成植物细胞信号转导系统。按照信号转导的途径，植物细胞信号转导主要有三步：细胞膜上或细胞内受体感受逆境信号；细胞内第二信使及蛋白激酶等传递信号；细胞核内转录因子及效应基因表达变化。本节主要介绍细胞膜上信号感知系统 G 蛋白偶联受体（GPCR）蛋白 COLD1、细胞内信号传递和放大系统促分裂原活化的蛋白激酶（MAPK）级联通路以及细胞核内信号效应系统 ICE－CBF－COR 级联通路（CBF 为 C－重复结合因子，COR 为冷诱导蛋白，ICE 为调控 CBF 表达的转录因子），以期从不同的维度阐述植物响应低温的分子机制。

一、植物低温信号感知系统——GPCR 蛋白 COLD1

（一）G 蛋白研究进展

G 蛋白是真核生物多种信号通路中的主要元素，参与真核生物的多个生长发育调控过程，主要参与信号感知的过程，并将信号从细胞膜受体传入细胞内。G 蛋白在哺乳动物的多种生物过程中承担重要角色（如对激素、神经传导物质和环境刺激等做出应答反应），在植物中也有多重功能。

1. G 蛋白的 3 个亚基

G 蛋白由 α、β 和 γ 3 个亚基构成其三聚体，在动、植物中的进化均保守。哺乳动物的 G 蛋白介导的信号通路极具多样性，包含多种 G 蛋白信号元件和大量与 G 蛋白互作的因子，其中人类的 G 蛋白有 23 个 Gα 亚基、5 个 Gβ 亚基和 12 个 Gγ 亚基，并有超过 800 个的 GPCR。相反地，植物中仅有少量 G 蛋白信号元件。例如拟南芥有 1 个典型的 Gα 亚基（GPA1）、3 个非典型的 Gα 亚基（XLG1、XLG2 和 XLG3）、1 个 Gβ 亚基（AGB1）和 3 个 Gγ 亚基（AGG1、AGG2 和 AGG3）。其中，非典型的 Gα 亚基与典型的 Gα 亚基有相似的 C 端结构，但 N 端结构不同，且具有一定的特异性。水稻有 1 个 Gα 亚基（RGA1）、1 个 Gβ 亚基

(RGB1)和 5 个 Gγ 亚基(RGG1、RGG2、DEP1、GS3 和 GCA2)。普通小麦有 3 个典型的 Gα 亚基(TaGα-7A、TaGα-1B 和 TaGα-7D)、1 个 Gβ 亚基(Gβ)和 1 个非典型的 Gγ 亚基(TaDEP1)。玉米有 1 个典型的 Gα 亚基(CT2)、3 个非典型的 Gα 亚基(XLG1、XLG2、XLG3)。大豆(*Glycine max*)有 4 个 Gα 亚基(GmGα1、GmGα2、GmGα3、GmGα4)、4 个 Gβ 亚基(GmGβ1、GmGβ2、GmGβ3 和 GmGβ4)和 10 个 Gγ 亚基(GmGγ1~10)。此外,其他植物也有多个 G 蛋白亚基,如 Gα 亚基包括 BdGα(短柄草,*Brachypodium sylvaticum*)、SiGα(狗尾草,*Setaria viridis*)、CGA1(衣藻,*Chlamydomonas*)、3 个 CsGα(亚麻荠,*Camelina sativa*)和 PpXLG(小立碗藓,*Physcomitrium patens*),Gβ 亚基包括 3 个 CsGβ(亚麻荠)、PpGβ(小立碗藓),Gγ 亚基包括 8 个 CsGγ(亚麻荠)。尽管植物的 G 蛋白亚基数目有限,但 G 蛋白仍参与多个植物生长发育过程,包括调控茎、根和表皮等的发育,以及气孔发育、细胞壁重组、糖信号感知、激素响应、光刺激响应、植物应对非生物及生物胁迫的防御反应。而且,G 蛋白在单子叶植物、双子叶植物和一些藻类植物中是保守的。目前,对许多植物 G 蛋白参与的通路及发挥的作用仍缺乏深入的解析。

2. Gα 亚基参与的植物发育与调控过程

Gα 亚基发挥的作用大多是与 Gβ、Gγ 亚基或其他因子互作而形成共同体参与不同的生长发育过程。在拟南芥中,研究人员对 Gα 突变体 *gpa1-3* 和 *gpa1-4* 进行分析发现,G 蛋白的 3 个亚基协同参与 ABA 诱导的气孔运动过程中的信息传递。当 ABA 抑制气孔开放时,G 蛋白、下游的保卫细胞微管骨架和 Ca^{2+} 通道共同参与其中。此外,Gα 亚基与 Gβ 亚基互作参与糖信号对植物生长发育的调控,该调控通路由油菜素内酯(BL)受体 BRI1 和 BAK1 介导,BRI1 和 BAK1 可将 G 蛋白磷酸化,通过影响 GPA1 和 AGB1/AGG 的解离调控植物的生长发育。同样,水稻的 Gα 亚基也参与对多种产量及品质性状的调控,也是通过 3 个亚基与其他非典型亚基互作完成,如 Gα 亚基 RGA1 可控制籽粒的伸长,Gβ 亚基 RGB1 是水稻存活和基本生长不可或缺的,3 个非典型的 Gγ 亚基(DEP1、RGG2 和 GS3)协同对籽粒伸长起到拮抗调控作用。总之,水稻 G 蛋白的不同亚基共同参与对水稻籽粒性状的调控。玉米 Gα 亚基主要参与茎尖分生组织形成,并对雌性花序、玉米植株构型起到调控作用,还可调控玉米产量性状。除谷类粮食作物外,G蛋白也参与马铃薯、大豆、苹果等的信号转导和调控通路,如在烟草中过表达编码苹果Gα亚基的 *MdGPA1* 可减弱烟草对干旱胁迫的抵抗性,在植物响应干旱胁迫中起到负调控作用。

(二)COLD1研究进展与植物耐寒性

GPCR是哺乳动物典型的膜蛋白相关分子开关和细胞表面受体,可直接识别外界的信号。GPCR可直接与G蛋白结合而将鸟苷二磷酸(GDP)转化为鸟苷三磷酸(GTP),因此GPCR也被称为鸟苷酸交换因子(GEF)。目前,典型的哺乳动物GPCR均有7个跨膜结构域,在与配体结合后激活信号感知通路。当GPCR处于失活状态时,该受体与GDP、Gα亚基和Gβγ二聚体结合在一起,一旦配体与GPCR结合,GPCR就可改变G蛋白的构象,使Gα亚基上的GDP转化为GTP,并加速Gα亚基从GPCR与Gβγ的二聚体上脱离。同时,激活的Gα亚基和Gβγ二聚体分别与其各自的下游因子(如酶、离子通道或其他效应蛋白等)结合而发挥作用。随后,G蛋白信号调节子(RGS)可促进GTP的水解,最终Gα亚基恢复至激活状态(从结合GTP的状态恢复为结合GDP的状态)等待下一次反应。其中,RGS是GTP酶激活蛋白(GAP)之一。所以,哺乳动物中Gα亚基构象和活性的不断转换构成了G蛋白的信号转导通路。尽管植物G蛋白信号转导通路的核心组分和分子结构类似,但二者的内在机制完全不同。植物中G蛋白偶联的信号转导通路缺乏GPCR,并不是典型的激活机制,而是非典型的自激活机制。在多数植物中,G蛋白的激活反应发生在GTP水解过程中,自发地进行GDP和GTP的转换,而植物中GTP的水解仍由具有GAP活性的RGS蛋白完成,G蛋白重新恢复至原状。相较于人类的37个RGS蛋白,植物中只有少量的RGS蛋白,包括AtRGS1、GmRGS1、GmRGS2和SiRGS。此外,尽管植物中缺乏动物中典型的GPCR,但研究人员仍从植物中陆续鉴定到少量的GPCR型G蛋白(GTG)或GPCR类似(GPCR-like)蛋白,而针对作物的相关研究较少。

拟南芥GCR1是第一个被鉴定到的植物GPCR-like蛋白,GCR1序列与非植物GPCR蛋白序列相似,虽然含有7个跨膜结构域,但最初被认为没有GPCR的相关功能。GCR1可与GPA1互作,参与ABA介导的根生长、基因调控和气孔发育。后续研究揭示了 GCR1 还参与 ABA 介导的种子发芽和发芽后的发育过程。2007 年,另一个重要的 G 蛋白信号转导通路成员(GCR2)被发现。GCR2 有 9 个跨膜结构域,参与 ABA 介导的种子发芽和早期幼苗发育等信号转导通路。然而,GCR1 是否直接感知 ABA 信号仍有争议,且 GCR2 缺乏典型的与 GPCR 类似的跨膜拓扑结构,并对 ABA 处理不敏感。最关键的是,GCR1 和 GCR2 是否有 GTP 酶活力仍未知,且植物如何感知外界信号或初级信号仍不明确。直到 2009 年,有学者发现了 2 个新型 GTG,这 2 个蛋白有与 GPCR 类似的拓扑结构域,即 9 个跨膜结构域,该结果也于 2012 年被 Jaffé 等人证实。这 2 个新型 G 蛋白信号转导通路的核心元件参与 ABA 介导的信号通路,是 ABA 的受体蛋白。但 Jaffé 等人提出,GTG 并非 ABA 的受体蛋白,而只是对 ABA 有应答反应,但他们并未阐明 GTG 与 ABA 如何结合。Jaffé 等人还指出,GTG 参与拟南芥的幼苗发育和营养吸收,依赖光信号与糖信号通路。研究人员对拟南芥 *gtg1*、*gtg2* 的单突变体与双突变体进行功能分析发现,GTG1 和 GTG2 的功能冗余,加之 2 个 GTG 的序列有很高的同源性,因此推测这 2 个成员源于基因复制事件。2013 年,Kharenko 等人证实 GTG 与 ABA 可在酿酒酵母中特异性结合。除与 GPCR 类似的跨膜拓扑结构外,拟南芥 GTG 还含有预测的 ATP/GTP 结合结构域和 GTP 酶激活结构域。GTG 与 GPA1 互作后可提高 GTP 结合活性,显著抑制 GTP 酶活力。近年来,研究人员在单子叶植物水稻和小麦中也发现了 GTG。水稻 GTG 中的 OsCOLD1 参与水稻的 G 蛋白信号转导通路,编码 RGS。OsCOLD1 位于质膜和内质网上,这与拟南芥 AtGTG 的亚细胞位置(只存在于质膜上)不同。OsCOLD1 具有 GTP 酶活力,可与 Gα 亚基结合从而激活下游的 Ca^{2+} 通道,起到感知低温的作用,并赋予水稻(粳稻)耐冷性。与拟南芥 GTG 的 GTP 酶活力相比,OsRGA1 也有 GTP 酶促进因子的功能,这是与拟南芥 GTG 的不同之处。与 AtRGS1 类似,OsCOLD1 也是一个具有 GTP 酶促进加速效应的 RGS,且这种效应受低温诱导。2018 年,研究人员从普通小麦中分离得到小麦 *GTG* 基因家族,命名为 *TaCOLD1*,根据其所在染色体的位置分别称为 *TaCOLD1 - 2A*、*TaCOLD1 - 2B* 和 *TaCOLD1 - 2D*,此 *GTG* 基因调控小麦株高,并受光信号调节,这与拟南芥 *AtGTG* 受光信号调节一致。小麦 TaCOLD1 与水稻 OsCOLD1 发挥功能的位置相同,也位于质膜和内质网上。在 TaCOLD1 中,主要发挥功能的是其亲水环,该亲水环由 TaCOLD1 的 178[th](第 178 个)与 296th 氨基酸残基组成,该亲水环决定 TaCOLD1 与 TaGα 亚基的互作。因此,作物 COLD1 蛋白与抗寒能力获得和株型调控关系密切。

二、植物低温信号传递和放大系统——MAPK 级联通路

植物通过细胞膜感知低温信号后,将膜上信号通过 Ca^{2+} 等第二信使传递到细胞内,细胞内各组分如何将低温信号传递到细胞核内一直是科学家们研究的热点。蛋白质的可逆磷酸化是此过程的生物化学基础,蛋白激酶(参与磷酸化过程)和蛋白磷酸酶(参与去磷酸化过程)是调控这一可逆过程的两类关键酶。其中,蛋白激酶是以 ATP 或 GTP 作为磷酸基团的供体将磷酸基团转移到特定底物蛋白上的一类酶,在蛋白质磷酸化过程中起到传递信号和放大信号的作用。拟南芥植株有 4% 的基因可编码典型的蛋白激酶,水稻植株有超过 40% 的基因可编码蛋白激酶,由此可见,蛋白激酶在植物基因组和植物功能中占有重要的地位。蛋白激酶催化 ATP 的 γ-磷酸基团转移至受体氨基酸上,从而改变该蛋白的活性。根据磷酸化底物蛋白的不同氨基酸残基,蛋白激酶可分为丝氨酸/苏氨酸蛋白激酶、酪氨酸蛋白激酶和组氨酸蛋白激酶等,目前研究较多的为丝氨酸/苏氨酸蛋白激酶的 MAPK,该蛋白激酶参与的级联通路是细胞内低温信号转导的关键路径。MAPK 级联通路包括 3 种蛋白激酶:促分裂原活化的蛋白激酶激酶激酶(MAPKKK)、促分裂原活化的蛋白激酶激酶(MAPKK)和 MAPK。它们共同发挥信号识别、转导、传递与放大作用。本节详细描述 MAPK 级联通路的各组分特征、在低温胁迫中的作用及其与第二信使、激素等组成的信号转导网络,为系统了解 MAPK 级联通路在植物低温耐受中的作用奠定基础。

(一) MAPKKK

MAPKKK 位于 MAPK 级联通路的最上游,通常为跨膜分子,负责接收 Ca^{2+} 等第二信使传递来的信号。植物响应外界环境刺激时,MAPKKK 发生自磷酸化而自激活,进而磷酸化并激活其下游因子。植物 MAPKKK 是一个庞大且复杂的家族,参与植物生长发育、细胞程序性反应等过程。

1. 基因家族成员及功能鉴定

植物 *MAPKKK* 基因家族成员众多，是 *MAPK* 基因家族中成员最多的一类。在模式作物拟南芥中已发现 80 个 *MAPKKK* 基因，大量研究表明这些基因与其抗逆性获得有关。例如，研究人员针对拟南芥 *MAPKKK15* 纯合突变体植株，从 DNA 水平和转录水平分别鉴定了该突变体对低温及干旱胁迫的抗性，结果表明低温抑制该突变体中 *AtMAPKKK15* 基因的表达，*MAPKKK15* 突变体植株的抗冻存活率高于野生型，电解质渗漏率明显下降，说明 *AtMAPKKK15* 与拟南芥抗寒能力的获得密切相关，即有反向调控作用。

研究人员陆续在农作物、园艺作物和经济作物中鉴定得到多个物种的 *MAPKKK* 基因家族，调查了该基因家族与植物抗逆性的关系。禾本科作物水稻中的 *MAPKKK* 基因有 75 种。其中，*OsMAPKKK63* 受多种非生物胁迫（包括盐胁迫、低温胁迫和干旱胁迫）诱导，具有激酶活力，并与下游的 OsMKK1 和 OsMKK6 互作。研究人员通过分析敲除 *OsMAPKKK63* 基因的水稻突变体的耐盐性，以及过表达 *OsMAPKKK63* 基因的水稻和拟南芥的发芽表型发现，*OsMAPKKK63* 基因参与水稻盐胁迫响应和种子休眠。玉米中的 *MAPKKK* 基因有 71 种。张燕飞在冷处理后的玉米材料 W9816 中克隆到全长 *ZmMAPKKK*，并对转 *ZmMAPKKK* 基因的拟南芥和玉米进行表型鉴定与生理指标（POD、SOD、CAT、MDA）测定，结果表明冷处理后转基因材料的抗寒性明显优于野生型。崔立操以野生大麦和栽培大麦为试验材料，结合 ISJ、SSR 标记和组学数据分析鉴定了大麦 MAPK 级联通路的基因家族（其中含有 156 个 *MAPKKK* 基因）特性，并提出这些基因参与植物抗逆应答。李悦鹏根据甜瓜（*Cucumis melo*）全基因组网站，从全基因组水平鉴定得到 64 个 *MAPKKK* 家族基因，并采用生物信息学方法对基因家族成员的分类、保守结构域、基因结构和表达特性等进行了详细的分析。结果表明：甜瓜中该基因家族成员与拟南芥中各成员分类类似，说明其与拟南芥在进化上有同源性；所有成员分布于 13 条染色体上，推测家族成员扩增源于染色体复制事件；运用 qRT 分析技术对不同处理下的 14 个基因家族成员的表达情况进行分析得出，甜瓜 *MAPKKK* 家族基因参与甜瓜的非生物逆境应答。苹果 *MAPKKK* 基因家族与植物免疫功能相关，研究人员从苹果富士枝皮中克隆得到 *MdMAPKKK1*，该基因与拟南芥 *AtMAPKKK5* 同源。烟草叶片瞬时表达试验结果表明,*MdMAPKKK1* 基因过表达可诱导本生烟叶片坏死,并伴随 ROS 积累和多酚含量升高,这可能是引起细胞死亡的原因。基于此,研究人员为探究 *MdMAPKKK1* 导致烟草叶片细胞死亡的原因,将保守的 ATP 结合位点突变,发现 *MdMAPKKK1* 不再诱导烟草叶片细胞死亡,表明 *MdMAPKKK1* 诱导的细胞死亡与磷酸化相关。研究人员从不同的棉花(*Gossypium*)品种中鉴定到不同数目的棉花 *MAPKKK* 基因。在研究早期,研究人员提出棉花中含有 11 个 *MAPKKK* 基因。随后,许好标等人在雷蒙德氏棉(*Gossypium raimondii*)中鉴定得到 114 个 *MAPKKK* 家族基因,该基因家族广泛分布于 13 条染色体上,并存在基因复制,与先前公布的 78 个雷蒙德氏棉 *MAPKKK* 家族基因相比对,只有 47 个基因序列完全相同。Zhang 等人在陆地棉中鉴定得到 157 个功能不冗余的 *GhMAPKKK* 基因,这些家族成员分布于 26 条染色体上,片段复制是该基因家族各成员扩增的主要模式,进化分析结果表明同一亚族成员的基因结构和基序组成一致,但表达分析结果表明每个基因在棉花各个组织中的表达模式有差异,且大部分成员对高温、低温和聚乙二醇胁迫有应答,少部分对干旱胁迫有应答。针对响应干旱胁迫的基因,他们对 *GhRAF4* 和 *GhMEKK12* 进行了抗旱功能鉴定,病毒介导的基因瞬时沉默(VIGS),试验结果表明,与野生型植物相比,沉默 *GhRAF4* 和 *GhMEKK12* 基因后,棉花的抗旱性明显减弱,MDA 含量明显增加,脯氨酸含量、叶片相对含水量、SOD 含量和 POD 含量明显减少,因此棉花 *MAPKKK* 基因家族成员 *GhRAF4* 和 *GhMEKK12* 参与植物干旱逆境应答反应。

2. 结构特征及分类

MAPKKK 是一类含有丝氨酸/苏氨酸的蛋白激酶,可磷酸化下游 MAPKK 中的 $S/T - X_{3\sim5} - S/T$(S 为丝氨酸,T 为苏氨酸,X 为任意氨基酸,3~5 为氨基酸个数)基序,激活 MAPKK 表达基因的功能。不同植物的 MAPKKK 蛋白序列相对保守,序列上有多个保守结构域和位点。针对不同植物 *MAPKKK* 基因的系统进化树的分析结果表明,不同植物的该基因具有很高的相似性且亲缘关系较近。最典型的结构域是激酶结构域(KD),这也是蛋白激酶家族共有的保守结构域。此外还有亮氨酸拉链、G 蛋白结合域、丝氨酸/苏氨酸磷酸化位点等结构域,它们共同构成 MAPKKK 感受多种外界环境刺激的结构基础。同一植物的 MAPKKK 大部分具有类似的蛋白结构特征。比如,研究人员对已知的拟南芥

MAPKKK 序列进行分析发现,在拟南芥的 5 个 MAPKKK 中,AtMEKK1 和 AtMEKK2 的相似性较高,AtMEKK4 和 AtMEKK1 的相似性较低。此外,拟南芥 AtMAP3Ka 蛋白结构域只有富甘氨酸结构域和蛋白激酶结构域。但是,拟南芥 AtMEKK4 的结构域为富甘氨酸结构域、WRKY 结构域、Toll/IL-1 受体(TIR)结构域、两亲螺旋重复序列、NB-ARC 结构域、LRR 结构域和蛋白激酶结构域,与 AtMAP3Ka 的结构域不同。

根据 MAPKKK 催化功能域氨基酸序列的不同,可将 MAPKKK 家族分为 3 个亚族:MEKK 亚族、Raf 亚族和 ZIK 亚族。MEKK 亚族的保守结构域为 FG(T/S)Px(W/Y/F)MAPEV,Raf 亚族的保守结构域为 GTxx(W/Y)MAPE,ZIK 亚族的保守结构域为 GTPEFMAPE(L/V)(Y/F),其中 MEKK 亚族蛋白结构的保守性低于 Raf 亚族和 ZIK 亚族。拟南芥中 MEKK 亚族有 21 个,Raf 亚族有 48 个,ZIK 亚族有 11 个。拟南芥的这 80 个 MAPKKK 中,Raf 亚族的数目最多,ZIK 亚族的数目最少,目前只有少数 MAPKKK 被发现具有直接激活 MAPKK 的激酶活力。目前被研究得较为清楚的有 MEKK 亚族的 TODA、AtMEKK1、ANP1、ANP2 和 ANP3,以及 Raf 亚族的 CTR1 和 EDR1。MEKK 亚族的 TODA 主要参与气孔发育调控、花序形态建成和胚胎发育过程;AtMEKK1 可被低温、渗透、机械损伤和病原菌等激活;ANP1、ANP2 和 ANP3 在结构上具有一定的相似性(推测在 C 端具有一个活性中心结构域),它们可能在细胞质的分裂调控中发挥重要作用。在 Raf 亚族中,CTR1 和 EDR1 拥有相似的催化结构域,CTR1 是 ET 信号转导通路中重要的负调控因子,EDR1 负调控由 SA 诱导发生的防御反应,增强植物对白粉病的抗性。基因同源性分析结果表明,ZIK 亚族与其他 2 个亚族的同源性较低,发挥的功能可能有所不同。有研究表明,ZIK 亚族成员 WNK1 可能参与调控植物的昼夜节律。AtMEKK1~4 属于 MEKK 亚族成员,它们在不同的结构中拥有同样的 N 端结构基序,但是 AtMEKK4 有独特的 N 端结构基序,它的 N 端结构域含有富甘氨酸结构域、富亮氨酸重复序列、蛋白激酶结构域、两亲螺旋重复序列、WRKY 结构域、TIR 结构域和 NB-ARC 结构域。MAPKKK 3 类亚族成员的催化功能域氨基酸序列有所不同。例如,在葡萄中,Raf 亚族成员和 ZIK 亚族成员在 C 端具有 KD,在 N 端具有调节域(RD),研究表明 RD 可能在招募下游激酶的搭架过程中起到一定作用。在苹果中,几乎所有的 Raf 亚族成员均在 C 端具有 KD,在 N 端具有 RD;大部分 ZIK 亚族成员在 N 端具有 KD;

MEKK 亚族成员的 KD 有可能在 N 端、C 端或中央。在黄瓜中,泛素结构域、ACT 结构域仅分别存在于 CsRAF4 和 CsRAF37 中,可以广泛调节受氨基酸调控的相关酶活代谢反应。

除结构不同外,各类植物的 MAPKKK 家族成员和亚族成员不同。水稻的 75 个 MAPKKK 家族成员有 22 个隶属于 MEKK 亚族、43 个隶属于 Raf 亚族、10 个隶属于 ZIK 亚族。棉花的 78 个 MAPKKK 家族成员有 22 个隶属于 MEKK 亚族、44 个隶属于 Raf 亚族、12 个隶属于 ZIK 亚族。苹果的 116 个 MAPKKK 家族成员有 33 个隶属于 MEKK 亚族、72 个隶属于 Raf 亚族、11 个隶属于 ZIK 亚族。葡萄的 66 个 MAPKKK 家族成员有 9 个隶属于 MEKK 亚族、48 个隶属于 Raf 亚族、9 个隶属于 ZIK 亚族。香蕉的 77 个 MAPKKK 家族成员有 14 个隶属于 MEKK 亚族、48 个隶属于 Raf 亚族、15 个隶属于 ZIK 亚族。草莓的 MAPKKK 家族成员只有 30 个隶属于 Raf 亚族、43 个隶属于 ZIK 亚族,暂无隶属于 MEKK 亚族的 MAPKKK 家族成员。总之,大部分植物中 Raf 亚族成员较多,MEKK 亚族成员和 ZIK 亚族成员相对较少。

此外,*MAPKKK* 基因的启动子序列结构特征为其响应逆境胁迫提供了结构基础。研究人员发现,棉花 *GhMAPKKK* 基因中有 97 个成员的启动子区域含有 4 个 ABRE 顺式作用元件,有 22 个成员的启动子区域含有 1 个 DRE 顺式作用元件。

(二)MAPKK

MAPKK 位于 MAPK 级联通路的中枢位置,可被 MAPKKK 磷酸化激活,进而磷酸化激活下游的 MAPK,是一种双重特异性蛋白激酶。MAPKK 中被 MAPKKK 磷酸化的核心序列为 $S/T - X_{3-5} - S/T$ 序列,是信号传递和放大的结构基础。研究人员通常将 2 个磷酸化位点(S 和 T)突变为谷氨酸(Glu)或天冬氨酸(Asp)模拟相应 MAPKK 的持续激活状态,而将其 ATP 结合位点中的赖氨酸(Lys)突变为精氨酸(Arg)模拟其持续失活状态。MAPKK 与上游 MAPKKK 和下游 MAPK 结合有非常严格的识别机制,从而准确地参与特定的信号转导通路。上游 MAPKKK 通过 MAPKK 蛋白 C 端的多功能结合位点与之结合,下游 MAPK 通过 MAPKK 蛋白 N 端的保守停泊位点与之结合。目前,研究人员已从不同植物中鉴定出几种 MAPKK,包括拟南芥 MKK1 和 MKK2－5,苜蓿 SIMKK 和 PRKK,番茄 LeMEK1,烟草 NtMEK1－2 和 SIPKK,以及玉米 ZmMEK1。

MAPKK 在信号转导过程中具有高效性,即一个 MAPKK 可以激活多个 MAPK,研究人员通过酵母双杂试验和体外激酶试验证实了这一点。目前已被发现的 MAPKK 数量较少,拟南芥中仅有 10 个 MAPKK,水稻中的 MAPKK 有 11 个,杨树中的 MAPKK 有 11 个。MAPKK 的数量虽然是整个 MAPK 级联通路各成员中最少的,却是 MAPK 级联反应的关键环节,它起到连接 MAPKKK 和 MAPK,以及承接上、下游信号传递的作用。

除鉴定得到各类植物的 *MAPKK* 基因家族成员外,研究人员还进行了一系列探讨 *MAPKK* 基因功能的研究,研究 *MAPKK* 的识别和激活过程对于更加清楚地探知 MAPK 级联信号系统有非常重要的意义。相较于 *MAPKKK* 和 *MAPK*,处于级联信号系统中间位置的 *MAPKK* 的数量最少,在拟南芥中只有 10 个。根据序列同源性分析结果,研究人员将拟南芥中的 *MAPKK* 分为 A、B、C、D 四组。同源性较高的 *MAPKK* 有相似的生物学功能,且存在功能冗余现象。A 组中 *MKK1* 和 *MKK2* 主要参与植物对病原菌的响应;*MKK1* 受机械力和非生物逆境胁迫的调控而被激活;*MKK2* 参与植物对盐胁迫和低温胁迫的响应过程;*MKK6* 参与调控雄配子体减数分裂过程中的胞质分裂。B 组只有 *MPKK3* 这一个成员,其区别于其他 *MAPKK* 基因家族成员的特点是在其 C 端有一段特殊的核转运结构域,推测其被激活后可能会由细胞质向细胞核内转移。C 组包含 *MAPKK4* 和 *MAPKK1*,二者具有高度同源性,存在功能冗余现象,参与植物的防御反应、胚胎发育和气孔发育等过程。D 组成员较多,其中关于 *MKK7* 和 *MKK9* 的研究较多。*MKK7* 在植物的生长素(AUX)极性运输和抗病反应过程中发挥重要作用。*MKK9* 参与调控植物 ET、植保素的合成和叶片的早衰。同时,*MKK7* 和 *MKK9* 还参与调控气孔发育的过程。研究人员先后从玉米中分离得到 *ZmMKK3*、*ZmMKK4* 和 *ZmMEK1*,*ZmMKK3* 可调节玉米渗透胁迫,*ZmMKK4* 通过 ROS 清除系统调节渗透胁迫并增强植株的耐盐、耐低温能力,*ZmMEK1* 与玉米根尖的增殖有关。基于此,蔡国华从玉米品种"郑单958"根系中分离得到 1 个 *ZmMKK1* 基因,全长为 1 641 bp,开放阅读框区为 1 053 bp,编码 350 个氨基酸,定位于细胞质和细胞核,在玉米根、茎、叶中均有表达(在茎中的表达量最高),并参与玉米的生物胁迫应答。小麦中有 *TaMAPKK1*,序列全长为 1 279 bp,编码 355 个氨基酸,表达分析结果表明该基因对高盐胁迫和干旱胁迫均有应答,其中对高盐胁迫的应答更为明显。刘志鹏发现,*TaMAPKK1* 编码蛋白定位在细胞质内。王冕等人发现,花生 *AhMKK4* 基因在根中的表达量高于其他组织,说明该基因具有组织表达特异性,且受 JA 和吲哚乙酸(IAA)诱导时表达上调,受 SA 和 ABA 诱导时表达下调,说明该基因可能参与 JA 和 IAA 介导的信号转导途径。*AhMKK4* 在盐胁迫下表达上调,说明该基因可能参与花生对盐胁迫的适应性调控。李悦鹏根据甜瓜全基因组网站鉴定得到 6 个 *MAPKK* 基因家族成员。何维弟采用膜蛋白质组学和脂质组学方法在生物膜水平上解析冷敏感香芽蕉与耐冷大蕉抗寒性差异的分子机制,同时运用酵母双杂交技术初步分析 MAPK 级联通路对下游的调控模式,并获得 *MaMKK2a* 香芽蕉过表达株系,结合之前发现的 *MaMKK2a*、*MaMAPK3a* 和 *MaICE1* 单个基因对大蕉抗寒性起到重要作用,提出 *MaMKK2a* – *MaMAPK3a* – *MaICE1* – *MaPODP7* 通路对大蕉抗寒性起到正调控作用。在苜蓿中,*PRKK* 可激活 *SIMK*、*MMK3* 和 *SAMK* 以响应生物胁迫,*SIMKK* 以不同的底物特异性转导盐诱导信号。此外,研究人员从大型藻类条斑紫菜(*Porphyra yezoensis*)中鉴定得到 33 个 *MAPKKK* 基因,并将其分为 Raf 亚族、MEKK 亚族和 ZIK 亚族,这些亚族均含有保守的激酶基序,且存在较小的变异。所有 *PyMAPKKK* 的内含子都很少,最多 3 个。调控元件预测结果表明,顺式作用元件包含许多与应激反应相关的基序。*PyMAPKKK* 基因在不同胁迫条件下的表达分析结果表明,*PyMAPKKK* 基因参与多种信号转导通路,且表达模式不同。另外,针对该基因表达量和相互作用网络的分析结果表明,大多数相互作用的蛋白是丝氨酸/苏氨酸蛋白激酶、MAPK 和泛素结合蛋白。研究人员从狗牙根(*Cynodon dactylon*)的转录组数据中筛选出 55 个 *CdMAPKKK*,根据 *CdMAPKKK* 的多序列比对、保守基序分析和系统发育树分析结果将 55 个 *CdMAPKKK* 分为 3 个亚族,其中 13 个属于 MEKK 亚族、38 个属于 Raf 亚族、4 个属于 ZIK 亚族。此外,进化分析结果表明,*MAPKKK* 基因家族成员在二倍体物种中是保守的,物种特异性的多倍体或更高的重复率导致 *MAPKKK* 基因家族的扩展。研究人员通过共功能基因网络分析鉴定出 714 个在信号转导、对温度刺激的响应等重要生物学过程中显著富集的 *CdMAPKKK* 协同功能连接,还分别鉴定出 30 个和 19 个与冷、热应激反应相关的协同功能基因。启动子分析结果和基于水稻同源物的所有 *CdMAPKKK* 的相互作用网络研究结果表明,*CdMAPKKK* 参与狗牙根许多生物过程的调控。在低温胁迫下,12 个和 13 个 *CdMAPKKK* 的表达分别显著上调与下调。总之,狗牙根的 *MAPKKK* 基因家族与其低温耐受有关。

(三) MAPK

MAPK 基因上 T‐X‐Y(T 为苏氨酸,X 为任意氨基酸,Y 为酪氨酸)基序的 Thr 残基和 Tyr 残基可被磷酸化,继而 MAPK 被激活进行信号传递。MAPK 被 MAPKK 激活后有 3 个去处:(1)磷酸化细胞骨架蛋白,导致细胞骨架改变;(2)留在细胞质中,激活其他蛋白激酶,继续传递胁迫信号;(3)进入细胞核内与转录因子结合,从而参与对基因表达的调控。它们的最终作用都是使植物做出对外界环境刺激的应答反应,从而更好地生存下去。

研究人员已经在植物中发现了多种编码 MAPK 的基因。拟南芥基因组中有 20 个 *MAPK* 基因,表明植物中的 MAPK 级联通路可能相当复杂。与哺乳动物 MAPK 相比,所有植物 MAPK 与胞外信号调节激酶(ERK)亚家族的同源性最高。这些植物 MAPK 的预测氨基酸序列在整个长度上表现出高度的保守性,并且在丝氨酸/苏氨酸蛋白激酶催化功能所必需的 11 个结构域上有最高的相似性。其 11 个子域外的 N 端、C 端延伸比催化核心更分散,但这些序列具有重要的生物学功能。研究人员对推导出的氨基酸序列进行比较发现,植物 MAPK 至少可以分为 4 个不同的家族。一个家族中的 MAPK 在不同物种中具有相似的功能,其中拟南芥 MPK3、MPK4,苜蓿 SIMK,以及烟草 WIPK 等家族中的 MAPK 主要参与环境和激素应答。一些家族中的 MAPK 参与细胞周期调控和逆境应答。

植物中 MAPK 的数量介于 MAPKKK 和 MAPKK 之间。目前为止已经被发现的 MAPK,拟南芥中有 20 个,水稻中有 17 个,野生大麦和栽培大麦中有 20 个,杨树中有 21 个。*MAPK* 基因被成功克隆的较多,如水稻中的 *OsBIMK1*,以及烟草中的 *Ntf3*、*Ntf4*、*Ntf6* 等,相关研究也已经开展。

MAPK 家族成员都有 11 个重复的苏氨酸、酪氨酸次级结构域,其中第 7 个和第 8 个之间有一个非常保守的 T‐X‐Y 基序,能够被上游 MAPKK 的双重磷酸化修饰激活,磷酸化位点为 T‐X‐Y 基序中的 Thr 残基和 Tyr 残基。T‐X‐Y 基序在结构上也被称为 T 环结构,是决定 MAPK 活力的关键部位。当 T‐

X-Y 基序中的 Thr 残基和 Tyr 残基被磷酸化后,MAPK 的活力显著提高。这一过程伴随着 T 环结构的重新折叠,然后与分子表面的精氨酸结合,形成激活状态的分子构象。MAPK 蛋白的 C 端存在一个与其他蛋白识别的通用锚定(CD)结构域,空间上与活性中心相对。MAPK 的 CD 结构域带有负电荷,而 MAPKK 的停泊位点带有正电荷,正、负电荷的相互作用对于二者的结合有重要意义。位于 CD 结构域附近的 ED(Glu-Asp)位点对于其与其他蛋白的互作起到重要作用。CD 结构域、ED 位点和其空间结构附近的其他氨基酸残基共同组成 MAPK 的停泊沟,共同决定 MAPK 与其他蛋白结合的特异性。总之,MAPK 蛋白的结构特点是其发挥功能的基础。

根据被 MAPKK 磷酸化的保守 T-X-Y 基序,MAPK 也可分为两个亚族,一个包含 T-E-Y 基序,另一个包含 T-D-Y 基序,含 T-E-Y 基序的亚族根据其结构特征和序列可分为 3 组。在番茄基因组中,3 个 *MAPK* 基因(*SlMAPK1~3*)属于 A 组,4 个 *MAPK* 基因(*SlMAPK4~7*)属于 B 组,2 个 *MAPK* 基因(*SlMAPK8/9*)属于 C 组,7 个 *MAPK* 基因(*SlMAPK10~16*)属于 D 组。葡萄基因组中含有 20 个 *MAPK* 基因,远比拟南芥基因组少,但 *VvMAPK* 被划分为 5 组,这与其他植物不同。*VvMAPK12*、*VvMAPK14* 属于 A 组;*VvMAPK9*、*VvMAPK11* 和 *VvMAPK13* 属于 B 组;*VvMAPK4* 和 *VvMAPK8* 属于 C 组;*VvMAPK1*、*VvMAPK3*、*VvMAPK5*、*VvMAPK6* 和 *VvMAPK7* 属于 D 组;*VvMAPK2* 和 *VvMAPK10* 属于 E 组,该组独立于其他组。与其他植物相比,苹果的 *MAPK* 基因家族目前是最大的。系统发育树将苹果 *MAPK* 基因分为 4 组:A 组、B 组、C 组和 D 组。A 组和 C 组均含有 5 个苹果 *MAPK* 基因,B 组含有 6 个 *MdMPK* 基因,D 组含有 10 个 *MdMAPK* 基因。

针对模式植物拟南芥和水稻 *MAPK* 基因功能的研究最为深入,研究表明拟南芥 MAPK3/MAPK6 是其低温信号转导通路中重要的蛋白激酶。拟南芥中的 MAPK3/MAPK6 通过磷酸化下游 ICE1 蛋白的 6 个保守的磷酸化位点、通过泛素化过程促进 ICE1 的降解,抑制 ICE1 蛋白的稳定性和转录活性,从而抑制 *CBF* 基因及其下游 *COR* 基因的表达,负调控植物对低温的耐受能力。这些结果揭示了 MAPK 级联通路调控低温信号的分子机制,为阐明植物响应低温胁迫的分子机制提供了新的理论依据,同时有助于我们了解植物如何协调环境胁迫和生长发育过程。MEKK1-MEK2-MPK4 级联通路又可激活 *CBF* 的表达,增强拟南芥的抗寒性,对拟南芥抗寒性获得起到正调控作用,而 MKK4/5 – MPK3/6 级联通路对拟南芥抗寒性的调控作用恰恰相反。水稻中 MPK3/6 的作用机制又不同于拟南芥,水稻 OsMPK3 与水稻 OsICE1(别名 OsbHLH002)互作,通过 E3 泛素酶 OsHOS1 介导的通路干扰 OsICE1 的泛素化,进而对水稻抗寒性获得起到正调控作用。此外,OsMPK3 介导的 OsICE1 磷酸化可增强 OsICE1 的活力,并且 OsICE1 直接作用于海藻糖 – 6 – 磷酸磷酸酶(TPP)基因以提高水稻的耐寒性。MPK3 在拟南芥和水稻低温应答中的作用相反,由此可见,不同植物中 MAPK 类激酶的调控效应有所不同。

针对园艺作物甜瓜的相关研究也较多,研究人员从全基因组水平对甜瓜中的 MAPK 级联通路基因家族成员进行鉴定,获得 14 个 *MAPK* 基因家族成员。研究人员运用 qRT – PCR 技术分析了薄皮甜瓜幼苗叶片中 14 个 *MAPK* 基因在逆境胁迫下的表达模式,结果表明:在干旱胁迫下,除 *CmMPK19*、*CmMPK20 – 1* 和 *CmMPK20 – 2* 的转录水平下降外,其余成员的转录水平均在胁迫 6 h、12 h、24 h 后提高且显著高于对照组,然后恢复至原有水平;在盐胁迫下,只有 *CmMPK3*、*CmMPK7*、*CmMPK20 – 1* 和 *CmMPK20 – 2* 被显著诱导表达;SA 诱导后,除 *CmMPK20 – 1* 和 *CmMPK20 – 2* 下调表达外,其余家族成员均上调表达;在 MeJA 诱导后期,14 个 *CmMPK* 均被强烈诱导表达;红光诱导后,*CmMPK3*、*CmMPK6 – 1* 和 *CmMPK7* 的转录水平与对照组相比显著提高,其中 *CmMPK3* 的转录水平与对照组相比提高 5 倍多,*CmMPK20 – 1* 和 *CmMPK20 – 2* 的转录水平与对照组相比无显著差异,其余基因家族成员的转录水平与对照组相比均显著下降。研究人员对甜瓜叶片接种白粉病菌后发现,除 *CmMPK6 – 1* 和 *CmMPK7* 外,其余 *CmMPK* 基因家族成员在白粉病菌侵染 3 d 后被诱导显著上调表达,且随着白粉病菌侵入时间的增加,除 *CmMPK3* 和 *CmMPK4 – 2* 外,*CmMPK* 基因家族成员的表达水平逐渐降低。与此同时,在红光诱导后接种白粉病菌,所有 *CmMPK* 基因的转录水平均显著低于单独接种白粉病菌组,且在接种白粉病菌 7 d 和 9 d 后被诱导显著上调表达。综上所述,*CmMPK3* 和 *CmMPK7* 在多种逆境胁迫中的表达量均显著高于对照组,表明 *CmMPK3* 和 *CmMPK7* 可能同时参与多条不同的信号转导途径,并在其中起到重要作用。研究人员向甜瓜幼苗外源喷施抑制剂 PD98059 预处理 12 h 后进行以下处理:处理组 1 接种白粉病菌;处理组 2 红光诱导后接种白粉病菌;对照组外源喷施 0.1% 的二甲基亚砜

(DMSO)溶剂预处理12 h后接种白粉病菌。结果表明,处理组1和处理组2的病情指数显著低于对照组,其中处理组2的病情指数最低。叶片表型观察结果显示,处理组1和处理组2的白粉病发病程度及白粉病菌覆盖面积显著低于对照组。二氨基联苯胺(DAB)组织染色结果显示,处理组1和处理组2叶片中的死细胞数量显著少于对照组,其中处理组2叶片中的死细胞数量最少。锥虫蓝组织染色结果显示,处理组1和处理组2叶片中的ROS含量显著低于对照组,其中处理组2叶片中的ROS含量最低。综上所述,我们推测通过抑制MAPK活力可以提高甜瓜幼苗对白粉病菌的抗性,其中红光诱导可以进一步抑制MAPK活力。在无红光诱导下,外源喷施抑制剂PD98059可显著提高 *CmLOX10* 和 *CmLOX12* 的表达水平,但其LOX活力与对照组无显著差异。此外,红光诱导可显著提高4个 *13-LOX* 的表达水平,而且可以提高LOX的活力。然而,在红光诱导下,外源喷施抑制剂PD98059后显示,与无抑制剂处理组相比,4个 *13-LOX* 的表达水平均降低,其中 *CmLOX12* 显著降低,LOX的活力也显著下降。进一步分析发现,在外源喷施抑制剂PD98059的条件下,红光诱导后,除 *CmLOX10* 外,其他3个 *13-LOX* 的表达水平及LOX的活力与不被红光诱导相比无显著差异。因此,在红光诱导的防御反应中,MAPK级联通路是LOX活力被激活的必要途径。

(四)MAPK级联通路

MAPKKK、MAPKK和MAPK串联共同构成MAPK级联反应,该级联反应是一种高度保守的信号转导通路,可以把细胞外刺激或信号转化为细胞内反应。MAPK级联通路存在于所有生物(包括动物、植物、微生物等真核生物)体内,具有极高的保守性。在真核生物体内,蛋白激酶通过MAPKKK→MAPKK→MAPK逐级磷酸化,将环境和植株内部的信号放大,激活下游相关基因的表达,进而启动相应的生理、生化过程。对于植物MAPK功能的早期研究主要集中在模式植物中,并且是基于模式植物的全基因组测序。近年来,研究人员已经发现了许多农作物和园艺作物中的MAPK,已有研究表明MAPK级联信号系统参与调控植物胚胎发育、气孔发育,以及细胞分裂、分化和死亡等生长发育过程,还能调节植物对病原菌、干旱、盐、低温及渗透等逆境的响应。

1. MAPK 级联通路参与植物低温逆境应答

温度作为一个重要的环境因子,对植物生长发育的影响越来越显著。当植物遭受温度异常时,细胞脱水,细胞内的 pH 值和渗透压增大,质膜系统和细胞结构受损,叶绿体和线粒体等细胞器功能异常,最终导致植物代谢紊乱,产生重大的经济损失。在模型植物中,MAPK 级联通路在响应温度胁迫中起到重要作用。例如,拟南芥 MEKK1 - MKK1/MKK2 - MPK4 级联反应由核苷酸结合亮氨酸丰富的重复免疫受体 SUMM2 介导,MAPK 可激活 SUMM2 介导的植物免疫反应。*MEKK2* 是 *MEKK1* 的同源基因,也是 SUMM2 介导的防御反应所必需的。深入的分子机制研究结果表明,*MEKK2* 是 MPK4 的负调控因子,可与 MPK4 结合,通过上游的 MKK 直接抑制其磷酸化。激活 SUMM2 介导的防御反应可诱导 *MEKK2* 的表达,进而阻断 MPK4 的磷酸化,进一步放大 SUMM2 介导的免疫反应。有趣的是,*MEKK2* 位于由 *MEKK1*、*MEKK2* 和 *MEKK3* 组成的串联重复序列中,该重复序列由最近的一个基因复制事件产生,这表明 *MEKK2* 是从 MAPKKK 进化而来的,成为 MAPK 的负调控因子。在水稻中,低温迅速诱导 *OsMPK4* 和 *OsMSRMK2* 的表达。在 12 ℃ 的诱导下,水稻中的 *OsMEK1* 和 *OsMPK1* 基因能特异性表达,但是对 4 ℃ 的处理没有反应,酵母双杂交试验结果证明 *OsMEK1* 在 12 ℃ 的诱导下能与 *OsMPK1* 互作,从而证明 *OsMEK1 - OsMPK1* 途径参与水稻中性低温信号转导。在玉米中,*ZmMPK3*、*ZmMPK5* 和 *ZmMPK17* 被低温迅速诱导表达。在烟草中,过表达 *ZmMPK17* 导致脯氨酸积累。以上研究结果说明 MAPK 可能是调控植物低温信号通路的关键因子,但是还无法清楚地说明 MAPK 响应低温信号的分子机制等问题。二穗短柄草(*Brachypodium distachyon*)的 *MAPK* 级联基因对温度敏感:在检测的 *MAPK* 级联基因中,90% 是受低温胁迫诱导的,60% 是受高温胁迫诱导的。在园艺植物中,番茄的 2 个 *MAPK* 基因 *SlMPK1*、*SlMPK2* 参与油菜素甾醇介导的氧化和热胁迫。*SlMPK3* 是低温胁迫应答基因。过表达 *SlMPK3* 的转基因植株的种子发芽率和根长均大于野生型植株。过表达 *SlMPK3* 可增加抗氧化酶活力,提高细胞内脯氨酸和可溶性糖的水平,增强植物在冷胁迫条件下的抗性。在黄瓜中,大部分 *MAPK* 级联基因都能被极端温度处理诱导。大多数被检测的 *CsMAPK*(除了 *CsMPK3* 和 *CsMPK7*)表达水平提高,*CsMKK4* 转录物的表达水平在热处理 8 h 后显著升高。

在野草莓(*Fragaria vesca*)中,19 个 MAPK 基因(*FvMAPK1~12*,*FvMPKK1~7*)中的 17 个的表达水平在低温处理开花后 18 d 显著提高,而 *FvMAPK3*、*FvMPKK1*、*FvMPKK3*、*FvMPKK6* 和 *FvMPKK7* 转录物的表达水平在高温处理下显著提高。在这些基因中,*FvMAPK3* 在冷、热胁迫下表现出特异性激活。此外,桑树 MAPK 基因也参与对极端温度的响应,40 ℃高温处理显著诱导 8 个 *MnMAPK* 基因。其中,*MnMAPK1*、*MnMAPK5*、*MnMAPK6* 和 *MnMAPK9* 的表达水平提高,*MnMAPK2*、*MnMAPK3*、*MnMAPK8* 和 *MnMAPK10* 的表达水平下降。在 4 ℃低温处理下,*MnMAPK1* 和 *MnMAPK5* 的表达水平显著提高。*CmMPK3.1*、*CmMPK1*、*CmMPK3.2*、*CmMPK4.2*、*CmMPK6*、*CmMPK9.1*、*CmMPK9.2*、*CmMPK13*、*CmMPK16* 和 *CmMPK18* 基因在冷处理后的菊花中表达。陆地棉中的 52 个 *GhMAPK*、23 个 *GhMAPKK* 和 166 个 *GhMAPKKK* 共同组成 2 个完整的信号模块,即 *GhMAPKKK24/GhMAPKKK31* – *GhMAPKK9* – *GhMAPK10* 和 *GhMAPKKK3/GhMAPKKK24/GhMAPKKK31* – *GhMAPKK16* – *GhMAPK10/GhMAPK11* 级联,研究人员将相互作用网络与它们的表达模式结合分析后证明了 MAPK 信号级联介导的网络参与非生物胁迫信号。总之,MAPK 调控植物对低温胁迫的耐受性。苜蓿叶片对干旱和低温的应激反应也涉及 MAPK 的激活。已有研究者发现基因 *MaMKK2a*、*MaMAPK3a* 和 *MaICE1* 对大蕉抗寒性起到重要作用,进一步的研究表明,*MaMKK2a* – *MaMAPK3a* – *MaICE1* – *MaPODP7* 途径对大蕉抗寒性起到正调控作用。

此外,低温胁迫下拟南芥体内 ICE1 的含量直接影响下游抗寒基因的表达和植株的抗寒能力,拟南芥 MAPK 级联 – ICE1 抗寒调控网络也是植物应对低温胁迫的重要途径之一。MAPK 级联可将 ICE1 第 403 位的丝氨酸置换为丙氨酸,ICE1(S403A)的泛素化降解被抑制,提高 ICE1 的稳定性,因此过表达 *ICE1*(*S403A*)能提高植株的抗寒性。过表达 *OST1*、ABA 信号途径的蛋白激酶能通过磷酸化 ICE1 第 278 位的丝氨酸提高 ICE1 的稳定性,提高拟南芥的抗寒性,而拟南芥 *OST1* 突变体则对冷敏感。在拟南芥 MAPK 级联 – ICE1 抗寒调控网络中,MPK3/6 能够磷酸化 ICE1 促进其降解,而 MKK2 – MPK4 能抑制 MPK3/6 的表达,提高 ICE1 的稳定性,提高植株的抗寒性。

2. MAPK 级联通路与第二信使

植物信号系统中的第二信使与 MAPK 级联通路相互作用,共同提高植物在逆境中的适应能力。细胞膜上的受体感知信号后,将外界信号传递给第二信使,包括Ca^{2+}、ROS、磷脂类物质和一氧化氮(NO)等,第二信使与MAPK级联通路成员互作,MAPK级联通路上的蛋白被磷酸化后激活,进而引起其他细胞、生理反应来适应与抵抗低温胁迫。

植物短暂暴露于低温环境中,最终导致MAPK激活引起多类基因表达发生变化,但植物如何感应冷信号(感知的精确机制)还有待被破译。Ca^{2+}作为第二信使,在细胞膜上和细胞膜内的信号传递中发挥重要作用,这种信号传递主要依赖Ca^{2+}浓度的改变。研究人员广泛认为,植物低温应答过程涉及质膜硬化、Ca^{2+}的动员、组氨酸激酶激活和生物活性磷脂酸及PI的产生。研究人员还发现,Ca^{2+}不仅参与低温胁迫的信号传递,还参与其他逆境的响应。例如,高盐和高渗透胁迫会激发ROS清除系统清除ROS,PLD介导磷脂酸的产生,Ca^{2+}的浓度也瞬时增大。机械损伤是植物受到的最常见的压力之一,植物经受机械损伤时也可瞬时增大Ca^{2+}的浓度。ROS对创伤应激的识别能迅速触发植物激素的产生,使ROS水平升高,瞬时增加的Ca^{2+}涌入细胞质,使蛋白磷酸化。Ca^{2+}与一些转录因子直接相互作用,可以调节蛋白激酶和蛋白磷酸酶的活力。在植物机械损伤反应中,ROS与Ca^{2+}往往协同作用,二者在信号传递中关系密切。呼吸爆发氧化酶同系物(RbohD、NADPH氧化酶)定位于质膜,是产生ROS的关键酶。它的激活依赖Ca^{2+}信号转导和蛋白磷酸化。Takahashi等人研究了参与ROS和Ca^{2+}水平升高反应的MAPK级联通路,并确定了负责维持ROS稳态的MAPK信号级联。在这个级联反应中,MKK3激活MPK8,而MPK8直接抑制RbohD,随后是OXI1和转录因子ZAT12受到抑制。更有趣的是,植物遭受机械损伤后,MPK8的充分激活需要MKK3和Ca^{2+}信号参与。

植物具有多种基于磷脂的信号通路。众所周知,渗透胁迫会改变质膜的磷脂组成,磷脂信号通路中具有活力的酶包括磷脂酶C(PLC)、PLD、磷脂酶A2(PLA2)、二酰甘油焦磷酸(DGPP)和磷脂酰肌醇3,5-二磷酸[PI(3,5)P2],而外界环境刺激的强弱决定这些酶中哪些被激活。植物遭受机械损伤时诱导磷脂酸快速而短暂地产生,磷脂酸是由PLC信号级联中的二酰甘油(DAG)磷酸化或通过PLD信号级联产生的。有研究表明,磷脂酸可激活大豆中特定的MAPK级联通路,用正丁醇抑制其生成也会抑制MAPK的激活。然而,用乙醇能否抑制PLD的活力是有争议的,因为乙醇诱导微管重组也可能影响MAPK的激活。

磷脂酸的靶点之一是磷酸肌醇依赖激酶1(PDK1)，PDK1激活位于MPK3和MPK6上游的OXI1。这些结果均表明磷脂酸、PDK1、OXI1和MPK3/MPK6属于同一信号通路。此外，丝氨酸/苏氨酸蛋白激酶PTI1~4被确定为OXI1的下游靶点，这两种激酶之间的直接物理相互作用已被证实。在体外，OXI1和PTI1/2被证明是MPK3与MPK6的底物。此外，PTI1/2在体内与MPK6相互作用，在体外与MPK3和MPK6相互作用。Yu等人进行了沉降(pull-down)试验，结果表明天然PLDα衍生的磷脂酸与His标记的MPK6结合。有趣的是，没有其他磷脂(如PC、DAG)与MPK6相互作用。他们用免疫沉淀法从拟南芥叶蛋白提取液中分离得到的MPK6样品在盐胁迫下被磷脂酸快速激活。在 PLDα 突变体中，MPK6在添加盐后没有被激活，而在野生型植物中相反。此外，GST pull-down试验结果显示，MPK6在该通路下游的目标之一是质膜Na^+/H^+逆向转运体SOS1。SOS1通过其C端结构域与MPK6直接相互作用，而且其磷酸化程度在盐胁迫期间增大。这些结果与"PLDα3 基因敲除的植物对盐胁迫和脱水表现出更高的敏感性，而拟南芥 PLDα1/PLD 双突变体对盐胁迫表现出更高的敏感性"一致。

近几十年来，大气中CO_2浓度升高已经成为影响动、植物生存的一个严重问题。有研究表明，大气中CO_2浓度升高会激活影响植物根毛发育的信号转导通路。根毛发育的本质是尖端生长，其特征为尖端聚集的Ca^{2+}在细胞质中梯度增加。大气中CO_2浓度升高会促进AUX的产生，进而导致NO积累，NO作为常见气体次生信使对信号进行传递。在根毛对CO_2浓度升高的反应中，可调节Ca^{2+}通道和MAPK级联通路上激酶的活力，重组根毛尖端生长过程中的细胞骨架并调节囊泡运输。有研究表明，拟南芥通过NO介导的MAPK级联通路激活caspase-3-like蛋白酶参与对Cd胁迫的反应。植物重要的防御机制之一是通过细胞坏死或程序性细胞死亡(PCD)诱导细胞自杀。De Michele等人发现，拟南芥细胞暴露于浓度为100 μmol/L或150 μmol/L的Cd^{2+}中悬浮培养时发生了无触发的PCD。此外，Ye等人的研究表明：Cd^{2+}处理后，NO促进MPK6介导的caspase-3-like蛋白酶的激活，导致PCD的发生；在Cd^{2+}处理的拟南芥中，NO清除剂cPTIO抑制MAPK的激活。此外，常见的MAPK抑制剂PD98059减弱Cd^{2+}处理后caspase-3-like蛋白酶的反应。在 mpk6 突变体中也有同样的效果，但在其他 mpk 突变体中没有类似的过程。这些结果与已在动物体内验证的试验结果一致,也就是说 MAPK 级联通路参与 Cd^{2+} 诱导的细胞死亡。综上所述,Cd^{2+} 诱导的 MAPK 信号通路是由 NO 和 ROS 系统协同触发的。在莱茵衣藻(*Chlamydomonas reinhardtii*)中,NO 作为调节氮(N)的基本信号分子也与 MAPK 级联通路有关。MAPK 级联作用可能调节 N 同化,基于前期对"MAPK6 磷酸化 NR 促进拟南芥 NO 产生"的研究基础,研究人员鉴定了莱茵衣藻中参与 MAPK 级联通路的蛋白,发现了 17 个 MAPK、2 个 MAPKK 和 108 个 MAPKKK(11 个 MEKK 亚族、94 个 Raf 亚族和 3 个 ZIK 亚族)。*MAPK* 和 *MAPKK* 基因的表达受 N 调控,而 *MAPKKK* 中 *Raf14* 和 *Raf79* 基因的表达受 NH_4 正调控,因此 *MAPKKK* 基因的表达与 N 同化有关。

3. MAPK 级联通路与激素

植物激素在植物的生长发育和器官发生中起到至关重要的作用。不同激素有着不同的调节作用,就植物根系生长而言,AUX 与细胞分裂素可调控植物主根形态和侧根生长,而独脚金内酯则影响根系发育和根毛生长期间的激素通量。有研究表明,许多激素[如 ABA、JA、SA(ET)、AUX 和 BL]都参与 MAPK 级联反应。通常,每个信号分子参与不同的信号通路,从而形成互作网络,协调对不同压力的响应。

(1) ABA

ABA 是一种植物激素,主要起到抑制生长、促进休眠、帮助植物忍受非生物胁迫的作用。ABA 在无胁迫条件下诱导某些胁迫诱导基因表达的能力决定了其在逆境适应中的重要作用。研究人员以模式植物拟南芥为试验材料研究了氧化应激和 AUX 信号转导之间的分子联系,结果表明在拟南芥中,MAPKKK 中 ANP1 的活性形式模拟 H_2O_2 的作用,并触发 MAPK 级联,启动相关胁迫诱导基因的表达。此外,Mockaitis 和 Howell 发现天然 AUX 与合成 AUX(IAA、NAA 和 2,4 - D)处理拟南芥根系后,MAPK 迅速被激活。有研究表明,拟南芥 MPK12 与 MAPK 磷酸酶蛋白 IBR5 特异性相互作用,然后使 MPK12 去磷酸化并失活。因此,MPK12 被鉴定为 IBR5 磷酸酶的底物。此外,MPK12 在体内被 AUX 激活,在拟南芥中 *MPK12* 基因的抑制导致 AUX 信号负调控因子被诱导。Frugoli 等人在拟南芥基因组中发现了 H_2O_2 酶基因的 3 种亚型:*CAT1*、*CAT2* 和 *CAT3*。*CAT1* 的表达是由 ABA 诱导的,ABA 是一种重要的激素,调节植物对不利环境条件(包括寒冷、干旱、盐和病原体攻击)的适应。同时,ABA 诱导 H_2O_2 的产生。因此,他们推测 ABA 诱导的 *CAT1* 表达是由拟南芥 MAP2K 响应 H_2O_2 信号通路介导的。MAP2K 抑制剂 PD98059 抑制 ABA 介导的 *CAT1* 基因的表达。此外,ABA 诱导的 *CAT1* 基因在拟南芥 *mkk1* 突变体中的表达受到干扰,而过表达 *MKK1* 基因促进 ABA 诱导的 *CAT1* 基因的表达,促进 H_2O_2 的产生。在 *mpk6* 突变体中,*CAT1* 的表达被抑制,而在过表达 *MPK6* 的株系中,*CAT1* 的表达被增强。这些结果表明,MPK6 和 MKK1 影响 ABA 介导的 *CAT1* 表达。因此,MKK1/MPK6 模块可能是 ABA 依赖信号通路的重要组成部分,介导 H_2O_2 的产生和应激反应。有研究表明,无论是野生型拟南芥幼苗还是 ABA 超敏 *hyl1* 突变体幼苗,均有 2 个分子量分别为 42 kDa、46 kDa 的 MPK 被 ABA 激活。在 *hyl1* 突变体幼苗中,与野生型幼苗相比,42 kDa、46 kDa 的 MPK 都在 ABA 浓度较低的情况下被激活。经免疫沉淀法检测,42 kDa 的 MPK 为 MPK3。ABI5 转录因子(由 ABA 不敏感基因编码)在 ABA 触发的萌发后生长阻滞中起到关键作用。在萌发的 *hyl1* 突变体和野生型幼苗中,对照组(未加 ABA 处理)中 ABI5 蛋白含量较低,而 ABA 处理后,ABI5 蛋白及其转录物继续在生长受阻的 *hyl1* 突变体幼苗中积累。令人惊讶的是,ABA 激活的 MAP 激酶和 ABI5 转录因子具有相似的 ABA 激活活性,并且在 *hyl1* 突变体和野生型幼苗中其活性存在一致的差异,这表明 ABI5 是 42 kDa、46 kDa MPK 的底物。MAPKK 抑制剂 PD98059 降低了野生型种子对 ABA 的敏感性,挽救了 *hyl1* 突变体的 ABA 敏感表型。PD98059 的存在允许野生型幼苗和突变型幼苗在 ABA 存在的条件下发育,而在没有抑制剂的情况下,ABA 完全抑制了它们的发育。研究人员以牛皮杜鹃为试验材料,采用转录组测序的方法研究了 4 ℃低温胁迫下牛皮杜鹃 MAPK 级联通路参与 ABA 信号转导过程的基因表达情况,结果表明共有 228 个差异表达基因富集到 MAPK 信号通路,其中 ABA 信号转导通路中大部分差异表达基因的表达水平升高,说明该信号通路在低温胁迫下被激活,因此推测牛皮杜鹃在低温胁迫下可激活 MAPK 级联通路中相关基因的表达来参与 ABA 信号转导过程,进而应对低温环境所带来的不利影响。

  Zhang 等人在模式作物水稻中也开展了相关研究,RNA 印迹分析结果表明,ABA 可以诱导水稻叶片中 *OsMAPK5* 的转录。此外,OsMAPK5 酶也受到 ABA 的诱导。然而,这种 ABA 诱导的 MAPK 可以正调控非生物胁迫耐受性,负

调控 *EPR* 基因表达和广谱抗病。结合在拟南芥中的相关研究可发现,MAPK 级联通路可能是触发萌发后生长阻滞 ABA 信号的主要途径。然而,ABI5 是否为直接的 MAPK 底物,MAPK 信号是否足以触发 ABI5 介导的生长阻滞,目前尚不清楚。

此外,ABA 信号在气孔保卫细胞中尤为重要,ABA 通过促进阴离子、钾离子的外排及促进苹果酸转化为淀粉来控制保卫细胞的膨胀和体积。这两个过程都会导致气孔关闭,从而保护植物免受水分缺乏的影响。已有研究表明,*MPK4* 基因在拟南芥保卫细胞中表达。蛋白质组学研究结果显示,MPK4、MPK9、MPK12、MPK15 和 MKK2 也存在于保卫细胞中。在这些蛋白中,MPK9 和 MPK12 似乎是保卫细胞中 ABA 信号的正调控因子,并可能在依赖 ABA 的由阴离子通道激活的上游和 ROS 信号的下游发挥作用。

(2)JA

JA 是动、植物响应机械损伤的防御反应中的重要一环,草食动物攻击引起的机械损伤诱导植物损伤组织中 JA 的生物合成和积累。Takahashi 等人研究了 JA 信号与以 MKK3、MPK6 为特征的 MAPK 级联通路之间的关系。生化分析结果表明,MPK6 是 MKK3 在这一过程中的底物,表明 MKK3/MPK6 级联介导 JA 信号转导,对其诱导的基因表达模式起到负调控作用。

(3)ET

ET 不同于其他植物激素化合物,它是一种气态激素,在植物的生长发育和逆境响应中起到重要作用,如调控种子休眠,以及刺激茎、根的生长与分化等。Kieber 等人从植物中分离出 Raf 亚族的 MAPKKK——CTR1,作为 ET 信号转导的负调控因子,表明 MAPK 级联通路参与 ET 信号转导。ET 可激活拟南芥中具有 MAPK 特征的 47 kDa 的蛋白。此外,在过表达 *SIMKK* 的组成型转基因拟南芥中,MPK6 被激活,ET 可诱导靶基因表达。*SIMKK* 异位表达的株系在光照下表现出类似 *ctr1* 的表型。这些结果表明,SIMKK-MPK6 通路是 ET 信号转导的正调控因子,CTR1 是 MPK6 下游通路的负调控因子。这种负调控是不同寻常的,因为 MAPKKK 通常是 MAPK 模块的正调控因子。此外,拟南芥中 ET 的生物合成也可以通过激活 MEK5 来诱导,MEK5 在 MPK6 上游发挥作用,在超敏反应细胞死亡的启动过程中发挥作用。Liu 等人认为,通过抑制 ACC 合酶(ACS)和 ET 受体,MEK5 激活诱导的细胞死亡被推迟,这表明 ET 信号转导是加速细胞死亡所必需的。

(4) AUX

AUX 可调节细胞的分裂及扩张、胚胎的发生、分生组织的形成,以及根和叶的定型、向性、再生产等过程。在玉米或拟南芥细胞中过表达 *NPK1* 或 *ANP1* 的 KD 会抑制 AUX 诱导的基因表达并激活应激信号。在转染活性 *NPK1* 的细胞中,44 kDa 的 MAPK 的活力显著高于转染突变 *NPK1* 的细胞。这些结果表明, *NPK1* 可以诱导 MAPK 级联通路,而 MAPK 级联通路又与 AUX 信号相互作用。在 AUX 诱导的拟南芥根中,MAPK 样激酶活力增大,而在 AUX 抵抗 4(*axr4*)突变体中,AUX 诱导的 MAPK 样激活显著受损。最近,一项研究表明,在 AUX 诱导的不定生根过程中,MAPK 级联通路被激活。然而,没有进一步的生化证据支持 MAPK 级联通路参与 AUX 反应通路。

三、植物低温信号效应系统——ICE – CBF – COR 级联通路

众所周知,植物的生长发育、存活和地理分布均受极端气候限制,尤其是极端低温。改良作物的抗冷性是选育优良耐冷作物材料、拓宽作物种植范围和推进可持续发展的必要方式。因此,深入理解植物如何应对低温环境尤为重要。已有研究表明,植物在低温环境下通过积累大量的有益物质来获得抵御低温的能力,包括生理、分子和生化等不同层面的适应机制,这种通过适应而获得抵御低温能力的过程即为冷驯化过程。COR 是植物在冷驯化过程中积累的重要的有益物质,这些蛋白的表达是多种调控通路互作的结果,其中转录因子是植物信号转导通路中的核心成分,多种转录因子参与植物对低温胁迫或其他非生物胁迫的应答。C – 重复结合因子(CBF)或脱水应答转录因子(DREB)是被研究得最深入的耐冷相关转录抑制因子。CBF 是植物在冷驯化阶段提高耐冷性的重要分子开关,其介导 COR 的表达。同时,CBF 的表达受转录因子 ICE 的调控,从而形成 ICE – CBF – COR 级联通路。此外,CBF 介导的冷应答通路与其他信号转导通路存在交联,特别是与激素相关通路存在交联。

（一）CBF 介导的冷应答通路的核心元件

CBF 介导的耐冷相关信号转导通路的核心元件之一是 *CBF* 基因，*CBF* 基因编码的蛋白是典型的 AP2/ERF 型转录因子。拟南芥 *CBF* 基因家族包含 4 个成员，分别是 *CBF1*、*CBF2*、*CBF3* 和 *CBF4*，其中 *CBF1*、*CBF2* 和 *CBF3* 受低温诱导，而 *CBF4* 不受低温诱导，即 *CBF4* 不是冷胁迫应答基因。3 个 *CBF* 成员可与下游基因的 CRT/DRE 顺式作用元件结合，从而激活含此元件的下游基因的表达。近年来，关于 *CBF* 基因功能的研究从不间断，研究人员用 CRISPR/Cas9 分别构建 *cbf* 的单突变体、双突变体和三突变体，通过观察突变体的表型发现，敲除一个 *cbf* 成员的拟南芥植株的耐冷性不变，因此说明 *CBF* 基因各成员的耐冷功能冗余。早期研究表明，*CBF2* 可调控 *CBF1* 和 *CBF3* 的表达，并呈现负调控效应。因此，相较于 *CBF1* 和 *CBF3*，*CBF2* 对拟南芥耐冷性的提高更为重要。此外，植物 *CBF* 基因家族庞大且复杂，不同种属的植物中都含有大量的 *CBF* 基因，禾本科植物也不例外，拥有超过 100 个 *CBF* 基因。

COR 基因是植物冷信号转导通路中的效应基因，是通路终端直接决定植物耐冷性的因子。*COR* 基因的启动子含有 CRT/DRE 元件，所以可被转录因子 CBF 特异性结合。有研究人员指出，过表达 *CBF* 基因的转基因拟南芥通过积累 COR 蛋白来改善拟南芥的耐冷性。Fowler 等人证明，拟南芥中约 12% 的 *COR* 基因受 CBF 调控。Zhao 等人通过对 *cbf* 突变体进行转录组分析发现，414 个 COR 蛋白的表达由 *CBF* 基因调控。目前已鉴定到的 *COR* 基因有 *COR6.6/KIN2*、*COR14b*、*COR15a*、*COR47*、*COR105A*、*DHN5*、*LTI78*、*RD29A*、*WCS120* 和 *WCS19*。

转录因子 CBF 在调控 *COR* 基因表达的同时，本身也受上游多个因子的调控，目前被研究得最深入的是 ICE。ICE 属于 MYC 型 bHLH 转录因子，拟南芥的 ICE 可直接识别 *CBF* 启动子区域的识别序列并正调控 *CBF* 的表达。拟南芥中 *ICE* 基因家族有 2 个成员：*ICE1* 和 *ICE2*。*ICE1* 激活 *AtCBF3* 的表达，而 *ICE2* 激活 *AtCBF1* 的表达。目前研究人员已从多个物种中鉴定得到数个 *ICE* 或 *ICE* 类似基因，如小麦 *TaICE41* 和 *TaICE87* 在拟南芥中过表达可增强其耐冷性，不结球白菜 *BrICE1* 基因受低温诱导且激活 *BrCBF* 和 *BrCOR14* 的表达从而赋予植株耐冷性，*ZmmICE1*、*VaICE1*、*VaICE2*、*PaICE1* 等均可提高植物的耐冷性。

（二）激素相关通路与 CBF 介导的冷应答通路交联

激素是植物生长发育必不可少的有机小分子，参与调控植物的多个生长发育阶段，同时参与植物对多种逆境胁迫的应答反应。激素参与植物抵御低温的调控大多是通过与 CBF 介导的冷信号相关通路交联发挥作用的，这些激素包括 ABA、GA、BL、ET 和 MT 等。

ABA 参与植物生长发育的多个过程（如种子发育、种子萌发等），同时也在植物应对逆境胁迫中发挥重要作用，主要是参与植物盐胁迫应答，也有部分成员参与植物低温胁迫应答。ABA 通路中的成员 OST1（包括 SnRK2.6、SnRK2E）在被磷酸化激活后可磷酸化 ICE1，从而激活 ICE – CBF – COR 通路，使拟南芥的耐寒性大幅增强。此外，OST1 可干扰 ICE1 与 HOS1 的互作，在一定程度上缓解 HOS1 对 ICE1 表达的抑制。有研究表明，BTF3L 可被 OST1 磷酸化激活，继而促进 CBF 的表达，提高植物的耐寒性。因此，冷应激激酶 OST1 作为 ABA 信号通路的关键元件，参与 CBF 介导的冷应激反应，并起到正调控作用。

GA 参与植物应对极端环境的信号转导，可影响多种作物的耐盐性。当植物应对非生物胁迫时，植物体内会积累大量的 GA，并与 CBF 依赖型通路交联来应答胁迫。有研究表明，低温下 CBF 可提高 GA 相关基因 *GA2ox7* 的表达，导致 GA 含量减少，随后促进 DELLA 蛋白的积累。DELLA 蛋白是 GA 信号转导通路的负调控因子，DELLA 蛋白的积累可抑制植物生长。反过来，高含量的 DELLA 蛋白可诱导 ICE1 的表达，与 JA 信号互作并解除 JAZ 蛋白与 ICE1 的结合。

BL 又称芸苔素内酯，是促进植物生长型激素，对植物逆境胁迫有响应，并参与对植物耐寒性的调控。参与转录调控通路的 3 个主要 BL 成员（BZR1、BES1 和 CES）对植物耐寒性起到正调控作用。其中，CES 可直接促进 *CBF* 的持续表达来影响 *COR* 基因的表达，进而决定植物耐寒性。此外，激酶 BIN2 起到负调控作用。因此，BL 从多个角度调控植物的耐寒性。

ET 是一种气态激素，参与植物生长的多个阶段，包括果实成熟，花衰败，叶片与花瓣脱落，以及植物应对生物胁迫和非生物胁迫。当 ET 含量增加时，植物的耐寒性减弱；当 ET 的合成或 ET 介导的信号转导通路受阻时，植物的耐寒性增强。ET 通路中的 EIN3 是一种核蛋白,可与 *CBF*(*CBF1* ~ *CBF3*)启动子结合抑制 *CBF* 的表达。近年来,转录因子 ERF 也被证明与植物应对低温胁迫相关,其中 ERF105 是一个新型的冷调控转录因子,其调控的冷信号转导通路与常规的 CBF 依赖型通路不同,但部分 *CBF* 和 *COR* 基因的表达量有所改变。总之,ET 的生物合成和信号转导通路负调控植物对冷环境的应答反应。

MT 是植物生长发育和应对环境胁迫的重要的第二信使或调控因子。已有研究人员发现,拟南芥中 CBF 依赖型通路与 MT 介导的调控通路相交联,且 MT 可上调 *CBF* 和 *COR15a* 的表达,并促进耐冷相关蛋白或化合物的合成。此外,ZAT6 可激活拟南芥的 CBF 依赖型通路。

第四节　植物应对低温胁迫研究展望

植物因其固着性而在低温天气来临之时无法逃避,因此植物不断地适应低温环境而获得抵御能力。目前,针对模式植物拟南芥和模式作物水稻的研究较为深入,对其他植物的研究尚缺乏,尤其缺乏对玉米和小麦抗寒基因功能的研究。

植物低温耐受性为数量遗传性状,受多基因调控,从单一基因或蛋白的角度探索不能完全了解植物如何耐受低温环境。随着高通量测序技术和组学联合分析技术的发展,从级联通路的角度解析植物低温耐受能力已成熟。因此,本章从级联通路的角度阐述了植物对低温的信号感知、传递、放大及效应级联通路。各通路在不同作物中的作用机制不同,对于各通路中各成员的耐冷功能研究多集中在模式植物拟南芥和水稻中,因此还需要针对其他植物进行深入研究。此外,调控低温耐受性的基因多以家族形式存在,各成员的功能是否冗余,不同基因家族成员是如何协作完成低温应答反应的,都扮演什么角色,这都是未来研究的重点。

第二章 禾本科作物小麦苗期低温响应基因 *IRI* 的功能研究

第二章　禾本科作物小麦苗期低温响应基因 *IRI* 的功能研究

小麦(禾本科小麦属)为一年生或越年生草本植物,小麦的适应性强,分布范围广,是全球种植面积最大的重要粮食作物之一,其产量事关全球粮食安全。我国小麦栽培区按种植季节可划分为3个区域:春小麦区、北方冬小麦区和南方冬小麦区。其中春小麦区多处于高寒或干冷地带,小麦播种后易遭受倒春寒等气候影响;冬小麦区种植的小麦经常遭受越冬期冻害。随着全球气候的变暖和极端天气的频发,小麦遭受低温损伤的潜在危险很大,且全球气候变暖导致小麦生育期提前而抗冻性减弱,严重影响小麦的高产和稳产。针对此现状,充分利用小麦抗冻基因资源、挖掘新型抗冻基因并深入剖析其抗冻机制,对于改善小麦抗冻性及选育小麦抗冻新品种有重要的指导意义。

IRI 蛋白能结合于冰晶表面,抑制冰晶生长和重结晶,从而提高植物的抗冻性。小麦野生近缘属种是小麦品种改良的重要基因库,可为改善小麦抗冻性提供丰富的基因资源。本章以抗冻性极强的强冬性小麦品种 M808 为试验材料,分离鉴定得到 6 个 *IRI* 基因;以春小麦材料中国春(CS)为对照组,研究了不同低温处理下 *IRI* 基因家族成员间的表达差异;选择 2 个代表性 *IRI* 基因在烟草中过表达,根据低温致死试验和相对电导率等相关生理指标的变化验证该基因的抗冻功能;在小麦野生近缘属种材料中广泛分离并成功克隆出 22 个 *IRI* 基因,并对该基因家族成员进行进化分析。

第一节　小麦族 AFP 研究进展

小麦族(*Triticeae Dumort*)隶属于禾本科的早熟禾亚科,起源于西南亚地区,最早在该地区的新月沃地栽培,是在世界各地都广泛种植的重要作物。小麦族包含约 20 个属,其中有 12 个属在我国栽培种植。针对小麦族各属种植物 AFP 的研究相对缺乏,只有关于多年生黑麦草、黑麦、大麦(*Hordeum vulgare*)的相关报道,在小麦属(*Triticum*)内只有关于普通小麦的报道。

多年生黑麦草是应用于栽培牧草和饲草的最主要的经济作物,抗冻性强,是温带草地农业的主要栽培品种。AFP 对于多年生黑麦草的抗冻性有着重要作用。相较于小麦族其他经济作物,关于多年生黑麦草 AFP 的研究较为深入。目前,研究人员已从多年生黑麦草中分离得到多个编码 AFP 的基因,还对该蛋白的高级结构进行了深入研究。Middleton 等人通过对 *LpIRI1* 基因进行蛋白建模及功能分析发现,IRI 区的 NxVxG 或 NxVxxG 重复单元形成 β 折叠,并作为冰晶结合位点与冰晶结合。此外,Zhang 等人从多个角度证明了该蛋白的成功表达可大幅提高植物的抗冻性。

在关于黑麦 AFP 的研究中,研究人员已从非原生体中分离得到 6 个 AFP(大小从 15 kDa 至 35 kDa 不等),进一步研究发现这些蛋白与病程相关蛋白有很高的相似性。Kaarina 等人以冷驯化后的黑麦为试验材料,以其叶片和花蕾作为研究对象,发现其新陈代谢旺盛的细胞内合成了几丁质酶 AFP,并将其分泌到相邻的细胞壁中,在相邻细胞的细胞壁上与冰晶结合后互作从而抑制冰晶的增长。

Ding 等人采用真空渗透离心法从冷驯化后的大麦中分离得到 AFP(BaAFP);对多种分离方法进行优化选择,测得 BaAFP1 的 TH 为 1.04 ℃;质量指纹图谱分析和测序结果表明,BaAFP1 与 α 淀粉酶抑制剂 BDAI1 有很高的同源性。

Tremblay 等人从冬小麦中分离得到 2 个 *IRI* 基因:*TaIRI1* 和 *TaIRI2*。在冷诱导后,这 2 个基因在小麦体内的表达上调,JA 和 ET 对二者的表达起到调节作用。该研究提出这 2 个基因编码的蛋白由两部分组成,还指出其序列的 LRR 区与类受体蛋白激酶的受体区域有很高的相似性。*TaIRI2* 的序列与一般 *IRI* 基因相比较长,在 LRR 区有碱基插入,关于其抗冻功能的推测仍存在争议。研究人员在获得这 2 个基因后,并未通过过表达或基因敲除等方式对它们进行体外表达分析,对于 *IRI* 基因的功能及遗传转化未做详细研究,这都限制了我们对 *IRI* 基因功能和表达调控机制的全面了解。

Simen 等人从多年生黑麦草、大麦和普通小麦中共分离得到 15 个 IRI-like 蛋白,通过散度评估 *IRI-like* 基因家族的进化关系后,提出关于 IRI 区由来的假说。该假说认为,IRI 区是由重复区域的扩张演化而来的,并指出在胡萝卜和早熟禾亚科植物的 AFP 中,LRR 区有编码 IRI 区的基因,还提出 *IRI* 基因家族的主要扩张发生在 3.6 亿年前。目前,研究人员对于小麦族 *IRI* 基因家族进化等并没有系统的研究。除上述属种外,小麦族的很多其他属种均具有显著的抗冻性,但对小麦野生近缘属种 *IRI* 的研究更为缺乏,这都限制了我们对小麦族 *IRI* 基因家族组成、变异类型和系统演化关系的明确,以及对优势抗冻基因的发掘和有效利用。此外,传统育种虽然在一定程度上改善了作物的抗冻性,但作物抗冻性受多基因调控,且缺乏足够的遗传标记,这都限制了我们对植物抗冻机制的研究,同时也使得遗传育种举步维艰。为了培育新的抗冻品种,深入了解植物抗冻机制及挖掘候选抗冻基因变得尤为重要。

基于此,本章以抗冻性极强的强冬性小麦品种 M808 为试验材料,深入挖掘其抗冻基因资源,得到该强冬性小麦中 *IRI* 基因家族的组成情况,并研究基因家族各成员的表达情况。本章力求为阐明 AFP 的抗冻分子机制提供理论基础,为深入研究小麦及其野生近缘属种的演化进程和进化关系提供参考,并为深入发掘新型抗冻基因和通过转基因工程技术提高作物的抗冻性提供理论依据。

第二节 强冬性小麦 *IRI* 基因的分离、序列比对及表达分析

一、试验材料

(一)植物材料与处理

植物材料:M808 和 CS。M808 由沈阳农业大学从乌克兰引进,具有极强的抗冻性,能耐 $-30\ ℃$ 的低温,在辽宁铁岭以南可安全越冬。

植物材料前期处理:选取新鲜、饱满的小麦种子,用自来水冲洗干净种子表面,然后在75%的无水乙醇中浸泡 5 min,用无菌蒸馏水冲洗 3~5 遍后,放在装有纱布的培养皿中,加入适量水后光照培养(要确保种子处于湿润状态),培养 10 d 左右后,选取长势良好且均一的植株待用。

植物材料处理条件如下:

(1)将新鲜的小麦幼苗在 4 ℃下冷驯化 12 h,然后用锡箔纸包好,立即放入液氮中速冻后于 $-80\ ℃$超低温冰箱中保存,用于提取 RNA 及后续的同源克隆

IRI 基因。

（2）M808、CS 同步低温处理的温度和时间：4 ℃处理 0 h、12 h、24 h、48 h 后快速取样；0 ℃处理 0 h、12 h、24 h、48 h 后快速取样；-4 ℃处理 30 min、60 min 后快速取样。样品均立即保存在液氮中，用于 RT-qPCR 试验。

（二）菌株及质粒

大肠杆菌菌株：*E. coli* DH5α，保存在超低温冰箱中。
载体：PCR 2.1 载体。

（三）其他试剂

SanPrep 柱式 DNA 胶回收试剂盒、HiFiScript 快速去基因组 cDNA 第一链合成试剂盒、核糖核酸酶抑制剂（RNasin）、氨苄青霉素（Amp）、5-溴-4-氯-3-吲哚-B-半乳糖苷（X-gal）、异丙基硫代-β-D-半乳糖苷（IPTG）、低熔点琼脂糖凝胶、纯度为 99.999% 的液氮、2×SYBR Green Ⅰ qPCR Mix、20×ROX DyeABIGEN。

（四）所用仪器及生物学软件

主要仪器：高低温试验箱；灭菌锅；PCR 仪；DYY-8B 稳压稳流电泳仪；凝胶成像仪；台式微量冷冻离心机；恒温水浴锅；MP200A 分析天平；漩涡振荡仪；8 联排管迷你离心机，型号为 AB-808；RT-qPCR 仪，型号为 MX3000P。

生物学软件：Primer Premier 5.0，用于设计引物；DNAMAN 8，用于序列分析；WebLogo，用于序列比对；SWISS-MODEL，用于预测蛋白质 3D 模型；MEGA 5.0，用于对序列进行进化分析；FigTree，用于美化进化树；Microsoft Office Excel 2010，用于处理数据及制作图表。

二、试验方法

(一) 总 RNA 的提取

采用 EZ-10 DNAaway RNA Mini-prep Kit 试剂盒提取各植物材料的总 RNA。

1. 前期准备工作(灭菌及去除 RNA 酶)

塑料制品:将 RNA 提取专用枪头、微型离心管(EP 管)、枪头盒等包好,于 121 ℃高压灭菌 20 min,烘干备用。

玻璃制品:将研钵、研杵、药勺、镊子等器械浸泡于 0.5 mol/L 的氢氧化钠(NaOH)溶液中 2 h,用蒸馏水冲洗干净并包好,于 121 ℃高压灭菌 20 min,烘干备用。

试剂:向 GT 溶液中加入 500 μL 无水乙醇,向 NT 溶液中加入 300 μL 无水乙醇。

试验前,用 75% 的乙醇擦干净实验台,于空气中喷洒 75% 的乙醇,并准备好所需的手套、口罩等物品。

总 RNA 的提取步骤详见 EZ-10 DNAaway RNA Mini-prep Kit 试剂盒说明书。

2. 总 RNA 完整性检测

取 5 μL 提取的总 RNA 样品,采用琼脂糖凝胶(浓度为 0.8%)电泳进行检测,通过观察 28S rRNA 条带和 18S rRNA 条带的相对迁移率及亮度来判断提取的总 RNA 的完整性。通常情况下,28S rRNA 条带的相对迁移率要小于 18S rRNA 条带,若其亮度为 18S rRNA 条带的 2 倍左右,且无明显的弥散现象,则说明 RNA 的完整性较好。

(二)反转录合成第一链 cDNA

合成第一链 cDNA 的具体操作步骤详见 HiFiScript 快速去基因组 cDNA 第一链合成试剂盒说明书。

(三)IRI 基因的 PCR 扩增

1. PCR 扩增所用引物

对于在美国国家生物技术信息中心(NCBI)数据库中搜索到的 IRI 基因序列,用 Primer Premier 5.0 软件设计简并引物,以 cDNA 为模板进行 PCR 扩增,所用引物见表 2 - 1。

表 2 - 1　PCR 扩增所用简并引物

引物名称	引物序列(5'—3')
IRI - 1F	ATGGCGAAATGC(G/T)GGCTG
IRI - 2F	ATGGCGCC(A/G)AAATGCTGGCT
IRI - 1R	TCATTCATCTCCTACGACTTTGTT
IRI - 2R	TCATTCATCTCCTACGACTTTGTT
IRI - 3R	TTAACCTCC(T/C)GTCACGACTTTGTT

注:F 为上游引物,R 为下游引物。

2. PCR 反应体系及反应程序

PCR 反应体系为 25 μL。分别在 200 μL 的 EP 管中加入 12.5 μL 2 × Es Taq MasterMix,以及上、下游引物各 1 μL、2 μL 的 cDNA,用无 RNase 水补齐至总体积为 25 μL,然后吸打混匀,并瞬时离心。

PCR 反应程序:(1)94 ℃,5 min;(2)94 ℃,30 s;(3)56 ℃,45 s;(4)72 ℃,30 s;(5)重复步骤(2)~(4)30 次;(6)72 ℃,10 min;(7)4 ℃保存待检测。

3. PCR 扩增结果检测

采用琼脂糖凝胶电泳检测 PCR 扩增产物,在凝胶成像仪上观察并照相。

(四) PCR 扩增产物的胶回收

具体操作步骤详见 SanPrep 柱式 DNA 胶回收试剂盒说明书。

(五) TA 克隆

将胶回收得到的目的片段与 *pEASY* – T1 Cloning Kit 载体于连接仪中在 37 ℃下连接 30 min,转化 *Trans*1 – T1 Phage Resistant 感受态细胞后,进行菌落筛选及菌落 PCR 检测。

(六) 序列测定与分析

取 1 mL 摇好的菌液装在已灭菌的 1.5 mL 的 EP 管中,用封口膜将封口封严后送测。用 DNAMAN 8 对测序所得序列进行分析、比对,经筛选、拼接后,确定目的基因的完整性,并在再次扩增、确认后用 MEGA 5.0 进行进化分析。

(七) RT – qPCR

1. RT – qPCR 所用引物

根据 *IRI* 基因家族各成员序列的特点,分别选取每个成员 80~120 bp 的特异性片段,设计特异性极强的扩增引物。根据熔解曲线验证各扩增引物是否具有特异性,若熔解曲线为单峰,则该引物可用。

RT – qPCR 所用引物见表 2 – 2,合成引物采用聚丙烯酰胺凝胶电泳(PAGE)纯化。

表 2-2 RT-qPCR 所用引物

引物名称	上游引物序列(5'—3')	下游引物序列(5'—3')
actin	TTCCAATCTATGAGGGATACACGC	CAGCGGTTGTTGTGAGGGAG
IRIE-1	GTATCTGGGGACAAACATATCGTG	ACAGTGTTGTTGGTCCCAGATACA
IRIE-2	GCCTTGCAGGACCCATTG	TGGCGATGCCCTTGAACCA
IRIE-3	CTGCTGATCCTGTTCTTGGGA	TCCCAGCCGCAGCAGGAT
IRIE-4	GTGTCGGCTGTGATGGCCA	TGCCGATCAGTTTGTTATTGGAT
IRIE-5	TGCCATTGTATGGGAAGCATAG	GAACAGTGTTGTCATTCCCAGATAC
IRIE-6	GAAGAACACTCCAACAACAACCTC	TACGATAGTGTTGTTACTCCCGGA

注:actin 为内参基因引物,其余引物为目的基因引物。

2. RT-qPCR 步骤

将处理后各样品 10 倍稀释的 cDNA 作为扩增模板,分别用内参基因引物和目的基因引物进行扩增,具体操作步骤详见 SYBR Green 试剂盒说明书。

PCR 反应体系为 25 μL。分别在 200 μL 的专用 EP 管中加入 10 μL 2× SYBR Green Ⅰ qPCR Mix,以及上、下游引物各 0.8 μL、1.6 μL 的 cDNA,用无 RNase 水补齐至总体积为 25 μL,然后吸打混匀,并瞬时离心。

扩增程序:(1)95 ℃,10 min;(2)95 ℃,15 s;(3)60 ℃,60 s;(4)重复步骤 (2)~(3)40 次。

3. RT-qPCR 结果计算

在 Microsoft Office Excel 2010 中整理 RT-qPCR 原始结果并计算。得到计算结果后,均以未经冷诱导处理的 CS 为参照矫正为相对表达量。

三、结果与分析

(一)植物总 RNA 的提取

对提取的植物总 RNA 进行琼脂糖凝胶电泳,结果如图 2-1 所示,每条泳道内的 RNA 均有清晰且不弥散的 2 个条带,分别为 28S rRNA 条带和 18S rRNA 条带。其中,28S rRNA 条带的相对迁移率小于 18S rRNA 条带,且 28S rRNA 条带的亮度约为 18S rRNA 条带的 2 倍,可知获得的 RNA 质量佳,完整性好,可继续用于后续试验。

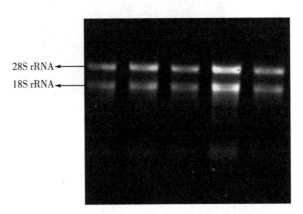

图 2-1　植物总 RNA 琼脂糖凝胶电泳结果

(二)小麦 IRI 基因的分离

以 M808 的 cDNA 为模板,以表 2-1 所示引物分别搭配扩增目的片段 1~6,如图 2-2 所示,其中 M 为内参基因。经连接转化及测序后,获得多个片段。在 NCBI 网站中运用 BLAST 数据库对所得片段进行比对,删除多余序列后得到全长编码区,再用 DNAMAN 8 软件对各全长编码区序列进行比对、分析,分别命名为 TaIRI3、TaIRI4、TaIRI5、TaIRI6、TaIRI7 和 TaIRI8,随后将其上传至 NCBI 网站,*TaIRI* 基因基本信息见表 2-3,其中 *TaIRI1*、*TaIRI2* 为从 NCBI 网站上下载的对照序列。这些基因序列均无内含子,这与 Worrall 等人和 Meyer 等人研究的结果一致。*TaIRI3 ~ TaIRI8* 编码氨基酸数分别为 285、285、285、288、287、287。

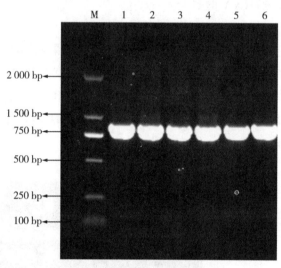

图 2-2 小麦 *IRI* 基因 PCR 扩增图

表 2-3 *TaIRI* 基因基本信息

名称	基因登录号	编码氨基酸数	种属	染色体组成	倍性	参考文献
TaIRI1	AY968588	280	*Triticum aestivum*	ABD	六倍体	Tremblay et al.,2005
TaIRI2	AY968589	409	*Triticum aestivum*	ABD	六倍体	Tremblay et al.,2005
TaIRI3	KU204387	285	*Triticum aestivum*	ABD	六倍体	本节
TaIRI4	KU204388	285	*Triticum aestivum*	ABD	六倍体	本节
TaIRI5	KU204389	285	*Triticum aestivum*	ABD	六倍体	本节
TaIRI6	KU204390	288	*Triticum aestivum*	ABD	六倍体	本节
TaIRI7	KU204391	287	*Triticum aestivum*	ABD	六倍体	本节
TaIRI8	KU204392	287	*Triticum aestivum*	ABD	六倍体	本节

(三) 小麦 IRI 氨基酸序列比对及结构分析

1. 小麦 IRI 氨基酸序列比对结果

从 NCBI 网站上下载得到 2 个同源序列：*TaIRI1*（AY968588）和 *TaIRI2*（AY968589）。用 DNAMAN 8 软件分析、比对所有 TaIRI 氨基酸序列，发现 *IRI* 基因在小麦内以基因家族的形式存在。*TaIRI* 基因家族与 *TaIRI1* 和 *TaIRI2* 有一定的相似性，其中 *TaIRI3*、*TaIRI4*、*TaIRI5*、*TaIRI6*、*TaIRI7*、*TaIRI8* 与 *TaIRI1* 的相似性分别为 56.32%、54.71%、51.95%、45.98%、44.14%、45.29%，与 *TaIRI2* 的相似性分别为 43.22%、42.53%、41.15%、40.92%、41.61%、41.61%。对所有从普通小麦中分离得到的 *TaIRI* 进行序列进化分析，得到小麦 IRI 氨基酸序列比对图如图 2-3 所示。结果表明，IRI 氨基酸序列有如下共同结构和区域：(1) N 端信号肽；(2) LRR 区，LRR 区是 IRI 蛋白的重要功能域，*LpIRI2* 基因编码的氨基酸序列因缺乏 LRR 区而被认为是假基因，本试验所得基因的 LRR 区与 *DcAFP* 的 LRR 区相似性很高；(3) IRI 区，Middleton 等人对 LpIRI1 蛋白的结构分析和功能研究表明，NxVxG/NxVxxG 重复单元在体外可形成冰晶结合面，从而具有抑制蛋白重结晶的功能；(4) 若干个保守半胱氨酸，这些氨基酸可形成 2~3 个分子内二硫键或分子间二硫键，这与已有研究结果一致；(5) N-X-S/T 区，该区含有疏水氨基酸，可能是一个重要的冰晶结合位点。

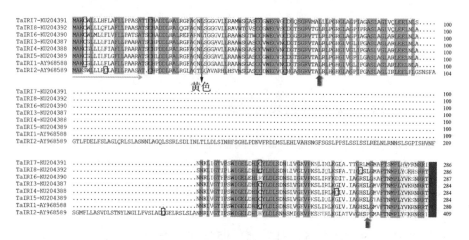

图 2-3 小麦 IRI 氨基酸序列比对图

注：水平箭头所示区域为 N 端信号肽；两个垂直箭头之间所示区域为 LRR 区；灰色底纹区域为 IRI 区；黄色框内为 N-X-S/T 区；其余框内为半胱氨酸。

2. IRI 区序列分析结果

我们对 TaIRI 氨基酸序列的 IRI 区单独做序列比对，并用 WebLogo 软件对其做保守功能域分析，结果如图 2-4 所示，图中 NxVxG/NxVxxG 重复单元清晰可见。在 WebLogo 图示中，氨基酸高度越高则说明该氨基酸越保守，可知重复单元中的天冬酰胺(N)、缬氨酸(V)和甘氨酸(G)都有极高的保守性。这些 IRI 区的重复单元数从 9 至 13 不等，其中 TaIRI3 的 IRI 区重复单元数最多，为 13。尽管 IRI 氨基酸序列的保守性极高，但这些序列之间仍存在差异区域。根据差异位点的不同，我们可以把这 6 个 IRI 氨基酸序列分为 2 类，TaIRI3、TaIRI4、TaIRI5 为 I 类，TaIRI6、TaIRI7、TaIRI8 为 II 类。相较于 I 类氨基酸序列，II 类氨基酸序列在第 173 处多出脯氨酸(P)，在第 285 处多出苏氨酸(T)，且 TaIRI6 在第 172 处多出谷氨酰胺(Q)。

图 2-4 IRI 区序列分析图

3. IRI 区的 3D 结构预测

为进一步理解 IRI 蛋白结构与功能的关系,我们在 SWISS-MODEL 上搜索得到模板 LpIRI,通过同源建模模式预测了 TaIRI 蛋白 IRI 区的 3D 结构。模板 LpIRI 由 118 个氨基酸组成,预测得到的 6 个 TaIRI 蛋白 IRI 区的 3D 结构完全一样,结果如图 2-5 所示,IRI 区内氨基酸高级结构呈螺旋状,这与模板 LpIRI 的结构一致。故可推测,IRI 区每个重复单元形成一个线圈,多个线圈紧凑且并排形成上下两个平坦的冰晶结合面,从而发挥抗冻蛋白功能。

图 2-5 IRI 区 3D 结构预测结果

4. IRI 氨基酸序列结构模式图

为从整体结构上理解小麦 IRI 氨基酸序列的特征,我们根据序列比对结果构建了 IRI 氨基酸序列结构模式图,如图 2-6 所示。IRI 氨基酸序列的主要特点为包括 N 端信号肽、LRR 区、C 端 IRI 区及若干个保守半胱氨酸。其中半胱氨酸的数量决定二硫键的形成方式。若半胱氨酸为偶数个,则这些半胱氨酸只形成分子内二硫键;若半胱氨酸为奇数个,则可形成分子间二硫键。二硫键对保持蛋白质分子结构稳定性有重要的作用,二硫键位置不同可能导致蛋白质稳定性不同。

图 2-6 IRI 氨基酸序列结构模式图

注:结构模式图各区域长度不代表真实长度。SP 为 N 端信号肽;S 为半胱氨酸的位置,上部的 S 为完全保守的半胱氨酸,下部的 S 为不完全保守的半胱氨酸。图示只是一种二硫键形成方式。

(四)小麦 *IRI* 基因家族成员进化分析

将克隆所得的 6 条 IRI 氨基酸序列与下载所得的 2 条 IRI 氨基酸序列在 MEGA 5.0 中利用 NJ 法做进化树,再用 FigTree 美化进化树,结果如图 2-7 所示。8 条小麦 IRI 氨基酸聚为 3 类:TaIRI3、TaIRI4、TaIRI5 与已发现的 TaIRI1 聚为一类(Group Ⅰ);TaIRI6、TaIRI7 与 TaIRI8 聚为一类(Group Ⅱ);TaIRI2 单独聚为一类(Group Ⅲ)。在 Group Ⅰ 中,TaIRI3 与 TaIRI1 亲缘关系最近。

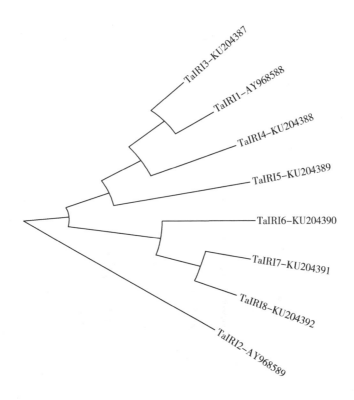

图 2-7　小麦 IRI 氨基酸序列进化树

(五) 小麦 *IRI* 基因家族成员表达分析

对水培 10 d 后长势一致的 M808 和 CS 同步进行不同温度、不同时间的低温诱导,然后取其幼叶提取 RNA,反转录为 cDNA,以稀释后的 cDNA 为模板,运用 RT-qPCR 技术分别测定低温诱导下 2 种小麦品种 *IRI* 基因家族成员的表达量变化情况。由图 2-8 可知,在低温胁迫下,各材料 *IRI* 基因的表达量普遍增加,且 M808 中各成员的表达量均大于 CS 中对应成员的表达量。综观所有结果,同一基因在 4 ℃低温处理 24 h 后的表达量均比其他处理条件下的表达量大,是对照组 CS 表达量的 12~29 倍。在相同处理条件下,该家族各成员的表达量也存在差异。以 4 ℃ 低温处理 24 h 为例，*TaIRI4* 的表达量最大，达到对照组 CS 的 29 倍，*TaIRI6* 的表达量紧随其后，达到对照组 CS 的 25 倍。结合各成员的进化分析结果，我们推测 *TaIRI4*、*TaIRI6* 分别是 Group Ⅰ 和 Group Ⅱ 的主效表达基因。

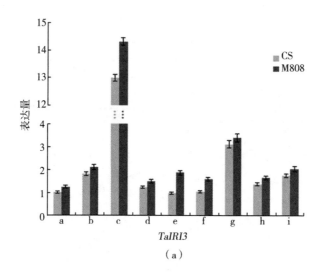

（a）

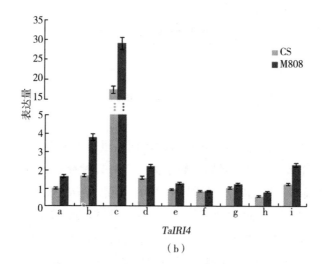

（b）

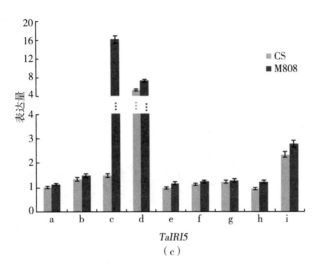

(c)

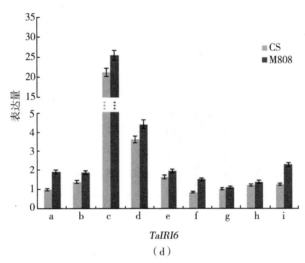

(d)

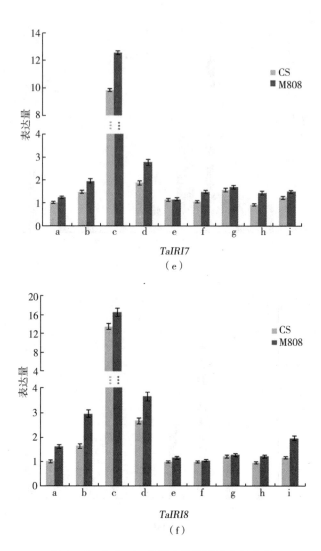

图 2-8　小麦 *IRI* 基因在冷诱导下表达分析

注：a 为对照组；b 为 4 ℃处理 12 h；c 为 4 ℃处理 24 h；d 为 4 ℃处理 48 h；e 为 0 ℃处理 12 h；f 为 0 ℃处理 24 h；g 为 0 ℃处理 48 h；h 为 -4 ℃处理 30 min；i 为 -4 ℃处理 60 min。

四、结论

本书以强冬性小麦 M808 为试验材料，分离得到 6 条 *IRI* 全长序列，与已发

现的 *TaIRI1* 和 *TaIRI2* 共同构成小麦 *IRI* 基因家族。该家族内各成员在结构上有很高的保守性,但也有序列差异性。家族内各成员氨基酸序列共有的保守结构包括 N 端信号肽、LRR 区、C 端 IRI 区及若干个保守半胱氨酸。*TaIRI2* 编码的氨基酸数为 409,序列比对分析结果表明,该氨基酸在 LRR 区多出部分序列,这可能是因为改变了蛋白的疏水性而使该蛋白丧失功能。不同 IRI 氨基酸序列的 IRI 区重复单元个数存在差异,这可能与物种进化相关。IRI 区的各个重复单元以线圈的形式并排排列形成冰晶结合面,在自然选择压力下,不同物种的进化进程不一,表现出的抗寒能力也各有差异,这都可能是重复单元个数存在差异的原因。根据 IRI 区的个别氨基酸插入(在第 173 处插入 P,在第 285 处插入 T,在第 172 处插入 Q),我们可将小麦 IRI 分为 2 类,此特征区域序列的差异性也可能对蛋白结构有一定影响。此外,一些氨基酸 IRI 区内保守缬氨酸的替换可能会导致该蛋白疏水中心的疏水性发生改变,最终很有可能导致蛋白丧失功能。

目前,对于小麦 IRI 蛋白结构的分析仍处于预测阶段,这限制了我们对小麦 IRI 蛋白结构与功能的关系以及其抗冻机制的研究,仍需要进一步对小麦 IRI 蛋白晶体进行 X 射线衍射或 NMR 分析,从蛋白高级结构入手来解析 IRI 蛋白的抗冻机制。

第三节 转基因烟草检测及抗寒能力鉴定

一、试验材料

(一)植物材料与处理

植物材料:转 *TaIRI4* 烟草、转 *TaIRI6* 烟草、野生型烟草 NC89。

植物材料前期处理:选取各品种的烟草种子,用自来水冲洗干净种子表面,然后在 75% 的无水乙醇中浸泡 5 min,用无菌蒸馏水冲洗 3~5 遍后载于基质中,在光照培养箱内培养(培养温度为 26~28 ℃,16 h 光照,8 h 黑暗),培养约 4 周后,待所有材料均长至三叶期,待用。

(二)试验试剂及配制

试验试剂及用品:DNA 标记(marker),限制性内切酶 Hind Ⅲ、EcoR Ⅰ 和 BamH Ⅰ,植物总 DNA 提取试剂盒和 DNA 胶回收试剂盒,质粒小提试剂盒,DIG DNA Labeling and Detectiong Kit 检测试剂盒及 Southern 杂交探针,杂交用尼龙膜。

其他生化试剂:含 0.5% 硫代巴比妥酸的 20% 三氯乙酸溶液、酸性茚三酮溶液等。

溶液的配制方法如下:

(1)0.5 mol/L 乙二胺四乙酸(EDTA,pH = 8.0):称取 37.22 g Na_2EDTA·$2H_2O$ 放于烧杯中,加入约 150 mL 去离子水,充分搅拌,用 NaOH 将 pH 值调至 8.0,定容至 200 mL 后高压灭菌,待用。

(2)1 mol/L 三羟甲基氨基甲烷盐酸盐(Tris – HCl,pH = 8.0):称取 60.55 g Tris 放于烧杯中,加入约 400 mL 去离子水,充分溶解后加入约 42 mL 浓盐酸将 pH 值调至 8.0,定容至 500 mL 后高压灭菌,待用。

(3)5 mol/L NaCl:称取 146.1 g NaCl 放于烧杯中,加入约 350 mL 去离子水,搅拌溶解后定容至 500 mL,高压灭菌,待用。

(4)0.2 mol/L NaOH:称取 1.6 g NaOH 放于烧杯中,加入约 180 mL 去离子水,溶解后定容至 200 mL,高压灭菌,待用。

(5)10% 十二烷基硫酸钠(SDS):称取 20 g SDS 放于烧杯中,加入约 160 mL 去离子水,在水浴锅中加热至 68 ℃ 溶解,用浓盐酸将 pH 值调至 7.2,定容至 200 mL 后保存待用。

(6)0.25 mol/L HCl:取 4.31 mL 浓盐酸,加去离子水定容至 200 mL,常温保存待用。

(7)TE 缓冲液(pH = 8.0):分别量取 1 mL 1 mol/L 的 Tris – HCl 和 0.2 mL 0.5 mol/L 的 EDTA,定容至 100 mL 后高压灭菌,待用。

(8)变性溶液:称取 20 g NaOH 和 87.75 g NaCl 放于烧杯中,加入 800 mL

去离子水充分溶解后定容至 1 L,高压灭菌,待用。

(9)中和溶液:称取 121.4 g Tris 和 87.75 g NaCl,加入约 800 mL 去离子水,充分溶解后用浓盐酸将 pH 值调至 7.5,定容至 1 L,高压灭菌,待用。

(10)漂洗缓冲液:准确称取 11.608 g 马来酸和 8.775 g NaCl,加入约 900 mL 去离子水,再加入 3 mL 吐温 20,用 NaOH 溶液将 pH 值调至 7.5,定容至 1 L 后高压灭菌,待用。

(11)马来酸:准确称取 11.608 g 马来酸和 8.775 g NaCl,加入约 900 mL 去离子水,用 NaOH 溶液将 pH 值调至 7.5,定容至 1 L 后高压灭菌,待用。

(12)检测液:准确量取 100 mL 1 mol/L 的 Tris-HCl 和 5.85 g NaCl,一同加入 800 mL 去离子水中,将 pH 值调至 9.5 后定容至 1 L,高压灭菌,待用。

(13)20×SSC:分别称取 175.2 g NaCl、88.2 g 柠檬酸钠,一同加入 800 mL 去离子水中,溶解后用 NaOH 溶液将 pH 值调至 7.0,定容至 1 L 后高压灭菌,待用。

(14)2×SSC、0.1% SDS(10 mL):准确量取 1 mL 20×SSC 和 0.1 mL 10% 的 SDS,用去离子水定容至 10 mL,待用。

(15)0.5×SSC、0.1% SDS(10 mL):准确量取 0.25 mL 20×SSC 和 0.1 mL 10% 的 SDS,用去离子水定容至 10 mL,待用。

(16)酸性茚三酮溶液:将 1.25 g 茚三酮溶于 30 mL 冰乙酸和 20 mL 6 mol/L 的磷酸中,搅拌加热(70 ℃)溶解,贮存于冰箱中。

(三)所用仪器及生物学软件

主要仪器:HL-2000 HybriLinker 分子杂交仪、电导率仪、恒温水浴锅、称量天平、低温高速离心机、研钵、离心管等,其余仪器参照前文。

生物学软件:Microsoft Office Excel 2010。

二、试验方法

(一)探针的制备

1. 探针的引物设计

待检测目的片段为 *TaIRI4*、*TaIRI6*,大小分别为 858 bp、867 bp,我们根据待检片段的序列差异性和 Southern 杂交的特异性,分别选取 200 bp 左右作为扩增序列设计特异性引物,制备探针所用引物见表 2-4。

表 2-4 制备探针所用引物

引物名称	上游引物序列(5′—3′)	下游引物序列(5′—3′)
IRIT-1	CAAATACAATATCTGGGAGCAACAA	GGATACGGCATTGTTATTGTCAGT
IRIT-2	CGGGATCCATGGCGAAATGCKGGCTG	GCCAAGCTTTCATTCATCTCCTGTTA

2. 探针的制备过程

(1)提取质粒,提取步骤参见质粒小提试剂盒说明书。
(2)测定质粒浓度。
(3)采用随机引物标记法来制备探针,方法参见 DIG DNA Labeling and Detectiong Kit 检测试剂盒说明书。

(二)探针浓度的定量标记

1. 设计标准浓度梯度

标准浓度梯度说明见表 2-5。

表 2-5 标准浓度梯度说明

管号	DNA 体积/μL	取样管号	稀释缓冲液体积/μL	稀释比例	终浓度
1	—	稀释原液	—	—	1 ng/μL
2	5	1	495	1:100	10 pg/μL
3	15	2	35	1:3.3	3 pg/μL
4	5	2	45	1:10	1 pg/μL
5	5	3	45	1:10	0.3 pg/μL
6	5	4	45	1:10	0.1 pg/μL
7	5	5	45	1:10	0.03 g/μL
8	5	6	45	1:10	0.01 g/μL
9	0	—	50	—	0 g/μL

2. 探针浓度定量标记

首先,我们根据说明书中的探针标记得率估算图,结合探针标记前模板含量,预估 2 个探针标记得率,以估算值为初始浓度分别稀释到 1 ng/μL,并以此作为起始浓度对所得探针做系列稀释,做好标记。然后,剪一块大小适中的尼龙膜,将一系列已稀释好的探针和标准 DNA 点到尼龙膜上进行斑点杂交,在紫外灯下交联 5 min,使 DNA 完全固定在尼龙膜上。最后,经预杂交、杂交、洗膜、显色等过程,观察显色结果,并根据显色结果评估探针浓度。

(三) Southern 杂交

1. 烟草总 DNA 的提取

由于进行 Southern 杂交所要求的 DNA 浓度较高,因此本试验采用 CTAB 法提取烟草总 DNA。

2. 杂交步骤

具体操作步骤参见 DIG DNA Labeling and Detectiong Kit 检测试剂盒说明书。

(四)低温胁迫试验

1. 低温处理过程

A 阶段:植物培养,26~28 ℃(16 h 光照,8 h 黑暗),6 周。
B 阶段:冷驯化,4 ℃(16 h 光照,8 h 黑暗),1 周。
C 阶段:低温处理,4 ℃、0 ℃、-4 ℃、-8 ℃、-12 ℃(16 h 光照,8 h 黑暗),70 min。
D 阶段:过夜解冻,4 ℃(16 h 光照,8 h 黑暗),1 d。
E 阶段:室温恢复,26~28 ℃(16 h 光照,8 h 黑暗),1 周。

2. 烟草表型鉴定

按照上述低温处理过程进行处理,每个处理过程挑选长势一致的 3 类烟草各 20 棵,记录 A 阶段到 E 阶段每个处理前后烟草的表型变化,并分析变化趋势。

3. 烟草存活率测定

按照上述低温处理过程进行处理,每个处理过程挑选长势一致的 3 类烟草各 20 棵,记录 A 阶段到 E 阶段每个处理前后烟草的死亡情况,计算存活率。

4. 烟草相对电导率测定

经 A 阶段到 C 阶段处理后,立即取烟草叶圆片 10 片,放入试管中,加入 20 mL 去离子水,用棉塞封好试管管口,于室温下静置 6 h,然后用玻璃棒搅拌均匀,测初电导率 S_1,再将试管轻轻放入恒温水浴锅中煮沸 10 min,从试管内液体沸腾开始计时,然后冷却至室温测得终电导率 S_2,计算相对电导率,计算公式如下：
$$L = S_1/S_2 \times 100\%$$
$$L = (S_1 - L_{CK})/(S_2 - L_{CK}) \times 100\%$$

式中 L 为相对电导率,即电解质渗出率;S_1 为低温处理后初电导率;S_2 为煮后终电导率;L_{CK} 为对照相对电导率。

5. 烟草脯氨酸含量测定

用酸性茚三酮溶液法测定脯氨酸含量。

6. 烟草 MDA 含量测定

用硫代巴比妥酸法测定 MDA 含量。

三、结果与分析

(一)定量标记探针效率结果

根据说明书中的探针标记得率估算图,结合探针标记前模板含量,预估 2 个探针标记得率均为 2 000 ng。以此为初始浓度,将其稀释到 1 ng/μL 作为起始浓度,对所得探针做系列稀释。在图 2-9 和图 2-10 中,标准浓度梯度(Line A)从 1 到 9 分别为 1 ng/μL、10 pg/μL、3 pg/μL、1 pg/μL、0.3 pg/μL、0.1 pg/μL、0.03 g/μL、0.01 g/μL、0 g/μL,Line B 为目的探针。根据说明书的要求,若目的探针与对照 DNA 中 0.1 pg/μL(6 号标准浓度)稀释斑点均可见,则说明该试验达到了预期的标记效率,能够得到可以满足杂交试验要求的探针浓度。进一步根据每个斑点的深浅计算标记结果,得到检测转 *TaIRI4* 烟草所用探针浓度为 100 ng/μL,检测转 *TaIRI6* 烟草所用探针浓度为 75 ng/μL。

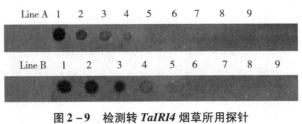

图 2-9　检测转 *TaIRI4* 烟草所用探针

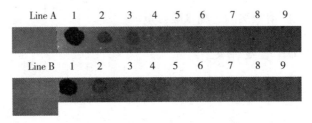

图 2-10　检测转 *TaIRI6* 烟草所用探针

（二）Southern 杂交结果

2 种待测转基因烟草基因组 DNA 分别过夜酶切后，将基因组 DNA 印迹到带有正电荷的尼龙膜上，在紫外灯下交联后，带负电荷的 DNA 与尼龙膜牢牢结合得到杂交膜。将杂交膜放入杂交管中预杂交 2 h 后，除目的基因区域外，其他带正电荷区域均与杂交液中的 DNA 结合，随后加入探针，过夜杂交过程中探针与目的基因特异性结合，后经洗膜、显色得到结果，如图 2-11 所示。图 2-11（a）为转 *TaIRI4* 烟草 Southern 杂交结果，图 2-11（b）为转 *TaIRI6* 烟草 Southern 杂交结果。其中泳道 1 为含有对应目的片段的质粒 DNA，作为阳性对照；泳道 2 为野生型烟草基因组 DNA，经相同的体系对基因组 DNA 进行酶切，作为阴性对照；泳道 3 为转基因烟草基因组 DNA。Southern 杂交结果显示：除阴性对照外，阳性对照和转基因烟草基因组 DNA 均有清晰的条带，说明 *TaIRI4*、*TaIRI6* 已成功转入烟草植株中。

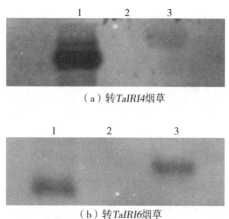

图 2-11 转基因烟草基因组 DNA 的 Southern 杂交结果

注:1~3 分别为阳性对照、阴性对照、转基因烟草基因组 DNA。

(三)表型鉴定结果

由图 2-12 可以看出,经历低温胁迫后,转基因烟草和野生型烟草(WT)的表型变化存在明显差异。在低温驯化阶段,各烟草都由最初的萎蔫状态恢复为直立生长状态,后经 0 ℃低温处理并室温恢复后,转基因烟草的长势明显强于野生型烟草,相较于野生型烟草,转基因烟草叶片的颜色无明显变化。这说明,IRI 蛋白在烟草体内成功表达可提高烟草的抗寒能力。

(a)冷处理前(26~28 ℃)

(b) 冷处理（4 ℃,24 h）

(c) 冷处理（4 ℃,4 d）

(d) 冷处理（4 ℃,7 d）

(e) 冷处理（0 ℃,70 min）

(f) 恢复（26~28 ℃,7 d）

图 2-12　低温胁迫下烟草表型鉴定结果

（四）存活率测定

转基因烟草和野生型烟草分别经过 4 ℃、0 ℃、-4 ℃、-8 ℃、-12 ℃ 处理 70 min 后，转入 4 ℃ 培养箱解冻 1 d，随后在常温（26~28 ℃）下恢复 7 d，拍照记录恢复后各类烟草的表型变化，并计算存活率。由图 2-13 可知，在不同低温处理下，转基因烟草的存活率普遍高于野生型烟草。例如，经 -4 ℃ 处理后，野生型烟草的存活率为 75%，而转基因烟草的存活率均为 85%。结合图 2-12 低温处理各个阶段各类烟草的表型变化情况可知，被测植株的表型变化与存活率变化同步，即 IRI 蛋白在烟草体内的表达增强了植株的抗寒能力，这与 Zhang 等人的研究结果一致。

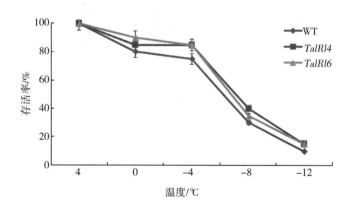

图 2-13　低温胁迫下烟草存活率测定结果

(五) 低温胁迫下烟草相对电导率变化

相对电导率是鉴定植物抗寒能力强弱的一个重要指标。由图 2-14 可知，低温处理之前，各材料的相对电导率较小，且无明显差异，均为 20% 左右。经 4 ℃ 处理后，各材料的相对电导率无明显变化。随着温度的降低，各材料的相对电导率均持续升高，但转基因烟草的相对电导率低于野生型烟草。0 ℃ 处理后，野生型烟草的相对电导率为 41.34%，分别比转 *TaIRI4* 烟草、转 *TaIRI6* 烟草高出 10.47%、23.15%。这说明，在低温处理后，由于野生型烟草中无 IRI 蛋白表达，野生型烟草细胞受到较为严重的破坏，电解质渗出较多，故其抗寒能力明显弱于转基因烟草。综合评价得出，3 种材料的抗寒能力排序为：转 *TaIRI6* 烟草 > 转 *TaIRI4* 烟草 > 野生型烟草。这也再一次力证了低温处理后转基因烟草的长势强于野生型烟草。

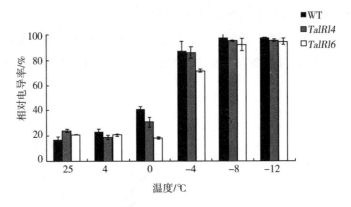

图 2-14　低温胁迫下烟草相对电导率测定结果

(六) 低温胁迫下烟草脯氨酸含量变化

在经历低温胁迫后，植物体内的脯氨酸对植物有一定的保护作用，它有维持细胞基本结构、调节渗透压等作用，可以增强植株的抗逆性。由图 2-15 可知,相较于常温下,低温胁迫后植株体内脯氨酸的含量大幅度提高。0 ℃ 和 -4 ℃处理后,植株体内脯氨酸含量的变化最为明显,且含量最高,转基因烟草体内脯氨酸的含量均高于野生型烟草。这说明低温胁迫后,转基因烟草体内积累了大量脯氨酸,使得其细胞渗透调节能力增强,从而拥有较强的抗寒能力。但 -8 ℃、-12 ℃处理后,植株体内脯氨酸的含量较低,这可能是因为温度过低导致植株受到严重破坏。

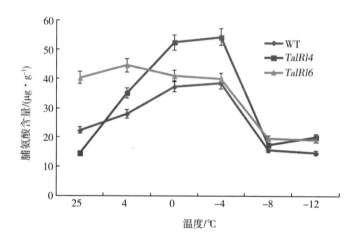

图 2-15 低温胁迫下烟草脯氨酸含量测定结果

(七)低温胁迫下烟草 MDA 含量变化

MDA 是膜脂过氧化的终产物,其含量可反映质膜的受损伤程度。由图 2-16 可知,随着低温胁迫温度的降低,各类烟草 MDA 含量先增加后减少,但转基因烟草 MDA 含量变化缓慢,而野生型烟草 MDA 含量在 -4 ℃处理后骤增,明显高于转基因烟草。各类烟草 MDA 含量变化程度为:野生型烟草 > 转 *TaIRI6* 烟草 > 转 *TaIRI4* 烟草。这说明在低温胁迫下,抗寒能力较强的植株减弱膜脂过氧化作用的能力更强,从而可以更好地维持细胞质膜的完整性,减轻低温冻害对质膜的损伤,因而具有更强的抗寒能力。

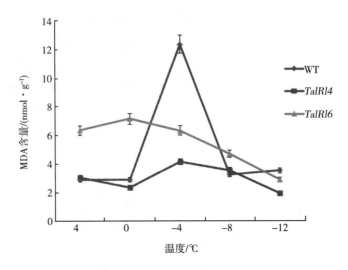

图 2-16 低温胁迫下烟草 MDA 含量测定结果

四、结论

为进一步揭示 IRI 蛋白的抗冻功能,我们将 2 个代表性基因 *TaIRI4* 和 *TaIRI6* 转入烟草中,让其在野生型烟草体内过表达,得到 T_1 代植株。Southern 杂交结果显示,转基因烟草基因组 DNA 所在泳道有清晰可见的条带,证明目的基因已成功整合到野生型烟草中。

本节通过对转基因烟草进行低温胁迫试验验证了 IRI 蛋白的抗冻功能,低温处理温度分别为 4 ℃、0 ℃、-4 ℃、-8 ℃、-12 ℃,处理时间为 70 min,以常温处理作为对照,观察并记录各处理组植株的表型变化情况,测定每种植株的存活率、相对电导率、脯氨酸含量、MDA 含量等生理指标。结果表明:经受低温胁迫后,转基因烟草的长势明显强于野生型烟草,相较于野生型烟草,转基因烟草的叶片颜色无明显变化,且存活率普遍较高;转基因烟草的细胞膜在低温胁迫后受伤程度较低,膜脂过氧化程度较低,MDA 含量较少,电解质渗出较少,相对电导率较小,并积累大量脯氨酸以维持细胞基本结构、调节渗透压,表现出较强的抗寒能力,这都是 IRI 蛋白表达的结果。综合比较各材料的相关指标,3 类烟草的抗寒能力为:转 *TaIRI6* 烟草 > 转 *TaIRI4* 烟草 > 野生型烟草。

第四节 小麦族 *IRI* 基因分离及进化分析

一、试验材料

(一)植物材料与处理

植物材料:小麦属的普通小麦、野生二粒小麦(*Triticum dicoccoides*)、硬粒小麦(*Triticum durum*)、一粒小麦(*Triticum monococcum*)、乌拉尔图小麦(*Triticum urartu*),山羊草属(*Aegilops*)的圆柱山羊草(*Aegilops cylindrica*)、粘果山羊草(*Aegilops kotschyi*)、高大山羊草(*Aegilops longissima*)、三芒山羊草(*Aegilops triuncialis*)、伞穗山羊草(*Aegilops umbellulata*)、单芒山羊草(*Aegilops uniaristata*)、易变山羊草(*Aegilops variabilis*),偃麦草属(*Elytrigia*)的簇生偃麦草(*Elytrigia caespitosa*)、长穗偃麦草(*Elytrigia elongata*)、中间偃麦草(*Elytrigia intermedia*),以及黑麦属(*Secale*)的黑麦。

植物材料前期处理:选取新鲜、饱满的小麦种子,用自来水冲洗干净种子表面,然后在75%的无水乙醇中浸泡5 min,用无菌蒸馏水冲洗3~5遍后,放在装有纱布的培养皿中,加入适量水后光照培养(要确保种子处于湿润状态)10 d左右,将新鲜的小麦幼苗在4 ℃下冷驯化12 h,然后用锡箔纸包好,立即放入液氮中速冻,于-80 ℃超低温冰箱中保存。

(二)菌株及质粒

所用菌株及质粒参照第二章第二节。

(三)其他试剂

所用试剂参照第二章第二节。

（四）所用仪器及生物学软件

所用仪器及生物学软件参照第二章第二节。

二、试验方法

（一）总 RNA 的提取

采用 EZ‐10 DNAaway RNA Mini‐prep Kit 试剂盒提取各植物材料的总 RNA。

前期准备工作（灭菌及去除 RNA 酶）：参照第二章第二节。

总 RNA 的提取步骤详见 EZ‐10 DNAaway RNA Mini‐prep Kit 试剂盒说明书。

总 RNA 完整性检测：参照第二章第二节。

（二）反转录合成第一链 cDNA

合成第一链 cDNA 的具体操作步骤详见 HiFiScript 快速去基因组 cDNA 第一链合成试剂盒说明书。

（三）*IRI* 基因的 PCR 扩增

根据已获得的 *TaIRI*，利用表 2‐1 所示简并引物，分别以各植物材料的 cDNA 为模板进行 PCR 扩增。

（四）PCR 扩增产物的胶回收

具体操作步骤参照第二章第二节。

（五）TA 克隆

具体操作步骤参照第二章第二节。

（六）序列测定与分析

具体操作步骤参照第二章第二节。

三、结果与分析

（一）所获序列基本信息

分离得到普通小麦 *IRI* 基因后，我们发现其以基因家族的形式存在，并且序列比对分析结果表明小麦内该基因具有极高的保守性。为进一步了解该基因家族的组成情况，我们根据已扩增得到的序列设计多对通用引物，在小麦野生近缘属种中广泛分离该基因。目前，我们从所有植物材料中共得到 22 条 *IRI* 基因序列，并根据已发表基因的命名规则和相应属种对其命名，通过序列比对软件分析每条序列的完整性后，将其上传至 GenBank 数据库，这些基因的基本信息见表 2-6，其余基因为高同源性的同源基因。除普通小麦的 6 条 *IRI* 基因外，其余小麦族基因编码区长度为 858 bp 或 867 bp，均无内含子，编码氨基酸数为 285 或 288。

表 2-6 小麦族 *IRI* 基本信息

名称	基因登录号	编码氨基酸数	属种	参考文献
TdiIRI1	KU204393	285	*Triticum dicoccoides*	本节
TduIRI1	KU204394	288	*Triticum durum*	本节
TmIRI1	KU204395	285	*Triticum monococcum*	本节
TmIRI2	KU204396	288	*Triticum monococcum*	本节
TuIRI1	KU204397	285	*Triticum urartu*	本节
AcIRI1	KU204398	288	*Aegilops cylindrica*	本节
AcIRI2	KU204399	288	*Aegilops cylindrica*	本节
AkIRI1	KU204400	288	*Aegilops kotschyi*	本节
AlIRI1	KU204401	288	*Aegilops longissima*	本节
AtIRI1	KU204402	288	*Aegilops triuncialis*	本节
AtIRI2	KU204403	288	*Aegilops triuncialis*	本节
AumIRI1	KU204404	288	*Aegilops umbellulata*	本节
AumIRI2	KU204405	288	*Aegilops umbellulata*	本节
AunIRI1	KU204406	288	*Aegilops uniaristata*	本节
AunIRI2	KU204407	288	*Aegilops uniaristata*	本节
AvIRI1	KU204408	288	*Aegilops variabilis*	本节
EcIRI1	KU204409	288	*Elytrigia caespitosa*	本节
EcIRI2	KU204410	288	*Elytrigia caespitosa*	本节
EeIRI1	KU204411	288	*Elytrigia elongata*	本节
EiIRI1	KU204412	288	*Elytrigia intermedia*	本节
SeIRI1	KU204413	288	*Secale cereale*	本节
SeIRI2	KU204414	288	*Secale cereale*	本节
LpIRI1	EU680848	285	*Lolium perenne*	Sandve et al., 2008
LpIRI2	EU680849	151	*Lolium perenne*	Sandve et al., 2008
LpIRI3	EU680850	254	*Lolium perenne*	Sandve et al., 2008

续表

名称	基因登录号	编码氨基酸数	属种	参考文献
LpIRI4	EU680851	243	*Lolium perenne*	Sandve et al. ,2008
LpIRIP1	FJ663045	279	*Lolium perenne*	John et al. ,2009
Hv	AK357613	415	*Hordeum vulgare*	Matsumoto,2011
Hv	AK358433	409	*Hordeum vulgare*	Matsumoto,2011
Hv	AK358461	410	*Hordeum vulgare*	Matsumoto,2011
Hv	AK359418	410	*Hordeum vulgare*	Matsumoto,2011
Hv	AK359823	415	*Hordeum vulgare*	Matsumoto,2011
Hv	AK360260	285	*Hordeum vulgare*	Matsumoto,2011
Hv	AK360440	415	*Hordeum vulgare*	Matsumoto,2011
Hv	AK375455	285	*Hordeum vulgare*	Matsumoto,2011
Hv	AK376187	430	*Hordeum vulgare*	Matsumoto,2011
Hv	EU887261	285	*Hordeum vulgare*	—
DaIRIP1	FJ663038	222	*Deschampsia antarctica*	John et al. ,2009
DaIRIP2	FJ663039	293	*Deschampsia antarctica*	John et al. ,2009
DaIRIP3	FJ663040	217	*Deschampsia antarctica*	John et al. ,2009
DaIRIP4	FJ663041	223	*Deschampsia antarctica*	John et al. ,2009
DaIRIP5	FJ663042	279	*Deschampsia antarctica*	John et al. ,2009
DaIRIP6	FJ663043	281	*Deschampsia antarctica*	John et al. ,2009
DaIRIP7	FJ663044	222	*Deschampsia antarctica*	John et al. ,2009
Dc	AJ131340	332	*Daucus carota*	Meyer et al. ,1999
EgPR1-like	XM_010911911	1 049	*Elaeis guineensis*	—
BdPR2	XM_003561462	1 015	*Brachypodium distachyon*	—
ZmPR2	XM_008653707	1 024	*Zea mays*	—

（二）所获序列比对分析结果

用软件 DNAMAN 8 对这些基因编码的氨基酸进行序列比对分析，结果如图 2-17 所示。结果表明，不同属种序列之间及相同属种的不同序列之间都存在个别氨基酸差异，这可能是由小麦族各物种在进化过程中的遗传多样性导致的。尽管这些序列具有多样性，但是都与已获得的普通小麦 *IRI* 基因序列有很高的相似性。其中 *EeIRI1*、*AkIRI1* 与 *TaIRI6* 的相似性均为 99.65%，与 *TaIRI4* 的相似性均为 81.60%，与 *TaIRI3* 的相似性均为 82.29%，与 *TaIRI5* 的相似性均为 81.94%，且二者的相似性为 98.96%；*AcIRI2* 与 *TaIRI6* 的相似性为 99.31%，与 *TaIRI4* 的相似性为 81.25%，与 *TaIRI3* 的相似性为 81.94%，与 *TaIRI5* 的相似性为 81.60%；*TdiIRI1* 与 *TaIRI4* 的相似性为 97.22%，与 *TaIRI3* 的相似性为 96.18%，与 *TaIRI5* 的相似性为 92.36%，与 *TaIRI6* 的相似性为 80.56%；*TmIRI1* 与 *TaIRI4* 的相似性为 97.22%，与 *TaIRI3* 的相似性为 96.18%，与 *TaIRI5* 的相似性为 92.36%，与 *TaIRI6* 的相似性为 81.25%；*TuIRI1* 与 *TaIRI4* 的相似性为 96.53%，与 *TaIRI3* 的相似性为 95.49%，与 *TaIRI5* 的相似性为 92.01%，与 *TaIRI6* 的相似性为 79.86%。

我们对这些 *IRI* 基因编码的氨基酸进行结构分析，结果表明，这些序列的保守性极高，具有 IRI 蛋白特有的两个典型保守功能结构域：IRI 区和 LRR 区。此外，所有 IRI 蛋白在 N 端有一段信号肽及若干个保守半胱氨酸，这与普通小麦的 IRI 蛋白结构相似。这些 *IRI* 基因共同构成小麦族 *IRI* 基因家族，丰富了该基因家族的组成。

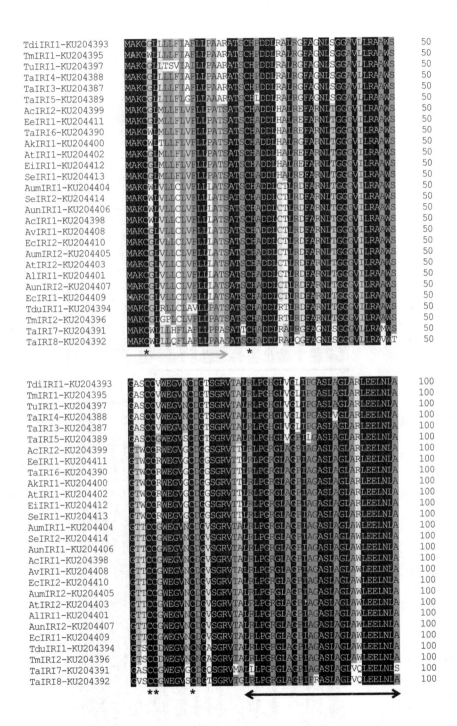

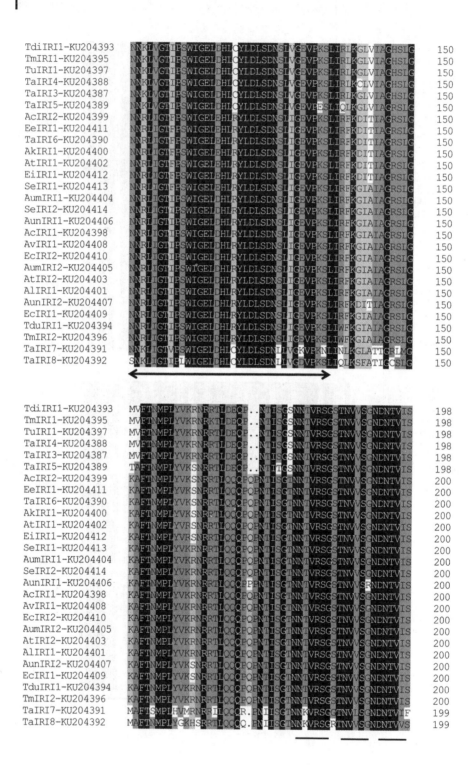

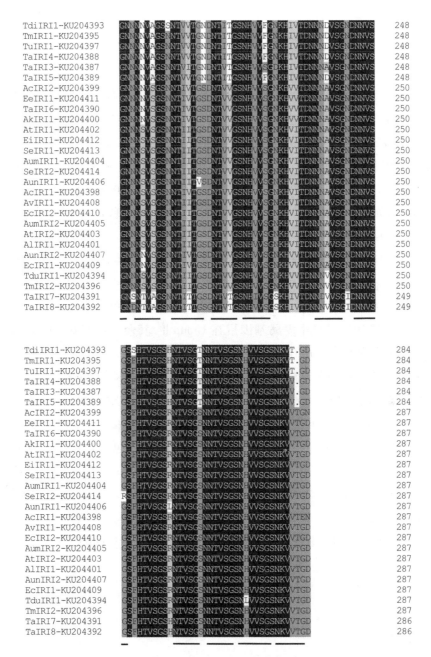

图 2-17　小麦族 *IRI* 基因编码氨基酸序列比对结果

注：灰色箭头所示区域为信号肽；黑色箭头所示区域为 LRR 区；黑色横线所示区域为 IRI 区；* 所示为保守半胱氨酸。

(三) 小麦族 *IRI* 基因及其相关基因进化分析

根据已预测的 IRI 蛋白序列,我们从 NCBI 网站上下载得到多条高同源性的同源基因,其基本信息见表 2-6。这些同源基因源自多年生黑麦草、大麦、南极发草(*Deschampsia antarctica*)、胡萝卜、油棕(*Elaeis guineensis*)、二惠短柄草和玉米等。为进一步了解 *IRI* 基因家族的进化情况,我们用 MEGA 5.0 软件通过邻接法建立小麦族 *IRI* 基因及其相关基因的无根进化树,并用 FigTree 软件对其进行美化。如图 2-18 所示,33 个具有代表性的 *IRI* 基因和 13 个相关基因被分为 10 类,这些基因具有很高的种属特异性。胡萝卜、油棕、二惠短柄草、玉米与 *IRI* 基因有很高的同源性,故在进化分析中将其作为类外群,这几个基因单独聚为一类(Group X),并与前 9 类有一定的距离。在进化树中,所有山羊草属 *IRI* 基因单独聚为一类(Group Ⅰ),多数小麦属 *IRI* 基因也单独聚为一类(Group Ⅱ),大麦属部分基因与小麦属基因聚在 Group Ⅱ,其余分别聚在 Group Ⅶ和 Group Ⅷ,发草属基因聚在 Group Ⅳ和 Group Ⅵ。

Group Ⅰ中除有山羊草属 *IRI* 基因外,还涵盖了黑麦属(*SeIRI1*)、偃麦草属(*EiIRI1*、*EeIRI1*、*EcIRI1*)和小麦属(*TduIRI1*)的部分基因。这种现象说明在山羊草属和其他属种由其共同祖先发生基因分离之前,*IRI* 基因就有了种属特异性,发生了进化。此外,Group Ⅱ除含有小麦属 *IRI* 基因外,还包含 1 个黑麦草 *IRI* 基因(*LpIRI3*)。但小麦属 *TaIRI7* 和 *TaIRI2* 分别属于 Group Ⅲ、Group Ⅶ。*TaIRI2* 由 Tremblay 等人从冷驯化的普通小麦中分离得到,编码 409 个氨基酸。相较于其他 *TaIRI* 基因,*TaIRI2* 多编码约 150 个氨基酸,这些氨基酸属于 LRR 区,从而导致它与其他基因的相似性降低,这可能是该基因不属于 Group Ⅱ 的原因。

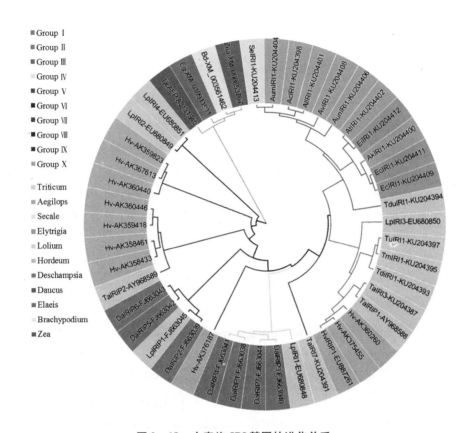

图 2-18 小麦族 *IRI* 基因的进化关系

注:在进化树中,不同分组的分枝用不同的颜色表示,不同来源的 IRI 氨基酸序列的名字用不同的颜色表示。原图为彩图,此图仅作示例。

正如我们所期待的,山羊草属作为异源六倍体小麦的供体属种,其 *IRI* 与小麦属 *IRI* 的进化距离最小。为进一步解析小麦属与其供体属种的进化关系,我们分别对所有山羊草属 *IRI* 基因和所有小麦属 *IRI* 基因进行进化分析,其进化关系如图 2-19 和图 2-20 所示。结果表明,山羊草属 11 条 *IRI* 基因被分为 4 类:*AumIRI2*、*AvIRI1*、*AtIRI2* 与 *AlIRI1* 聚为一类;*AcIRI1*、*AumIRI1* 与 *AunIRI1* 聚为一类;*AtIRI1*、*AcIRI2* 与 *AkIRI1* 聚为一类;*AunIRI2* 单独聚为一类。同样,小麦属 13 条 *IRI* 基因也被分为 4 类:*TdiIRI1*、*TaIRI4*、*TmIRI1*、*TuIRI1*、*TaIRI3*、*TaIRI1* 与 *TaIRI5* 聚为一类;*TaIRI6*、*TduIRI1* 与 *TmIRI2* 聚为一类;*TaIRI7* 与 *TaIRI8* 聚为一类;*TaIRI2* 单独聚为一类。

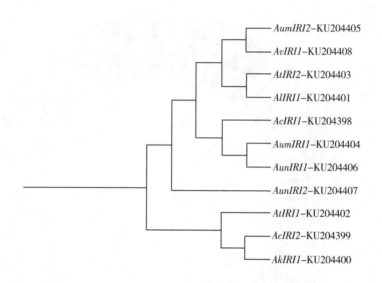

图 2-19 山羊草属 *IRI* 基因的进化关系

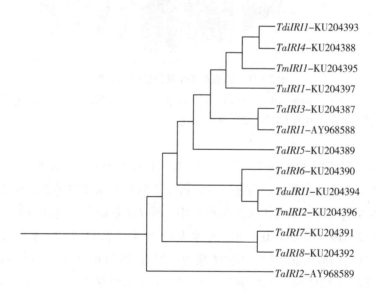

图 2-20 小麦属 *IRI* 基因的进化关系

第五节 结论与讨论

根据从普通小麦中分离得到的 *IRI* 基因,我们在小麦野生近缘属种中广泛分离得到 22 条 *IRI* 基因,这些基因以基因家族的形式存在,共同构成小麦族 *IRI* 基因家族。我们对这些基因家族成员进行序列比对分析、结构分析及分子进化分析,并对代表性基因进行了功能鉴定,结果如下。

一、强冬性小麦 *IRI* 基因分离、序列比对及表达分析

本章分离、鉴定得到 6 个强冬性小麦 *IRI* 基因,分别命名为 *TaIRI3*、*TaIRI4*、*TaIRI5*、*TaIRI6*、*TaIRI7*、*TaIRI8*,其编码氨基酸数分别为 285、285、285、288、287、287。这些 *IRI* 基因以基因家族的形式存在,都具有典型 IRI 蛋白的保守功能结构域特征,包括 N 端信号肽、LRR 区、IRI 区及若干个保守半胱氨酸。尽管 *IRI* 氨基酸序列的保守性极高,但这些序列之间仍存在差异区域。根据差异位点的不同,我们可以把这 6 个 IRI 氨基酸序列分为 2 类:TaIRI3、TaIRI4、TaIRI5 为 I 类;TaIRI6、TaIRI7、TaIRI8 为 II 类。相较于 I 类氨基酸序列,II 类氨基酸序列分别在第 173 处、第 285 处多出脯氨酸(P)和苏氨酸(T),另有 TaIRI6 在第 172 处多出谷氨酰胺(Q)。

进化分析结果表明,小麦 *IRI* 基因编码的氨基酸序列可聚为 3 类:TaIRI3、TaIRI4、TaIRI5 与已发表的 TaIRI1 聚为一类,为 Group I;TaIRI6、TaIRI7 与 TaIRI8 聚为一类,为 Group II;TaIRI2 单独聚为一类,为 Group III。

以 CS 为对照材料,经不同低温处理后,采用 RT-qPCR 对 CS 和 M808 的 *TaIRI* 基因家族成员的表达情况进行分析,结果表明 *TaIRI* 基因家族成员的表达存在明显差异,且在 M808 中的表达量高于 CS。其中,在 4 ℃处理 24 h 后,Group I 中 *TaIRI4* 的表达量最高,Group II 中 *TaIRI6* 的表达量最高,推测这 2 个基因分别为 2 个聚类群的主效表达基因。

二、转基因烟草检测及抗寒能力鉴定

将 2 个代表性基因 *TaIRI4* 和 *TaIRI6* 转入烟草中,得到 T_1 代植株,经过 Southern 杂交检测,转基因烟草基因组 DNA 所在泳道有清晰可见的条带,证明目的基因已成功整合到烟草中。

我们通过低温胁迫试验观察不同低温处理条件下各植株的表型变化情况,并测定存活率、相对电导率、脯氨酸含量、MDA 含量等指标,发现转基因烟草的长势明显强于野生型烟草,存活率普遍高于野生型烟草,转基因烟草在低温胁迫后细胞膜受伤程度较低,膜脂过氧化程度低,MDA 含量较少,电解质渗出较少,相对电导率较低,并积累了大量脯氨酸以维持细胞基本结构、调节渗透压,表现出较强的抗寒能力。综合比较多个指标得出各材料的抗寒能力为:转 *TaIRI6* 烟草 > 转 *TaIRI4* 烟草 > 野生型烟草。

三、小麦族 *IRI* 基因家族分离及进化分析

我们从小麦野生近缘属种材料中广泛分离得到的 22 个 *IRI* 基因都具有 IRI 蛋白的典型保守功能结构域,包括 N 端信号肽、LRR 区、IRI 区及若干个保守半胱氨酸。进化分析结果表明,除类外群外,小麦族 *IRI* 基因与其同源基因聚为 9 类,这些基因之间存在种属特异性。其中所有山羊草属 *IRI* 基因单独聚为一类(Group Ⅰ);多数小麦属 *IRI* 基因单独聚为一类(Group Ⅱ);大麦属部分基因与小麦属基因聚在 Group Ⅱ,其余分别聚在 Group Ⅶ和 Group Ⅷ;发草属基因聚在 Group Ⅳ和 Group Ⅵ。山羊草属与小麦属的亲缘关系最近。这些基因与 *PSR* 基因有很高的同源性,推测 IRI 蛋白可能为双功能蛋白。

第三章 禾本科作物玉米低温响应基因 *ZmCOLD1* 的功能研究

玉米是我国的主要农作物,高产且营养价值高,多用于食品、饲料、燃料等行业。玉米起源于热带、亚热带地区,是喜温植物,低温一直是限制其生长、分布的重要因素。东北地区是我国玉米的主产区,低温寒害已成为限制该地区玉米生产的主要因素之一。苗期是玉米生长发育的关键时期,此阶段的玉米对低温十分敏感,玉米在苗期遭遇低温胁迫会严重影响其生长,甚至导致减产或绝收。因此,针对玉米苗期挖掘优异抗性材料和深入研究耐冷相关基因的功能尤为重要。G 蛋白及 GPCR 是植物体内感知和传递冷信号的重要物质,目前玉米 GPCR 类蛋白对低温抗性的贡献并未得到很多研究。因此,本章对 *ZmCOLD1* 基因功能进行初探,以期为挖掘优异抗性基因和改善玉米耐冷性提供参考。

第一节 玉米耐冷性研究进展

玉米是全世界种植范围最为广泛的农作物之一。近年来,玉米在出口和生产新能源方面的应用尤为突出,具有很高的经济价值。玉米属于喜温短日照植物,玉米发芽期最适温度为 20~30 ℃,苗期最适温度为 18~20 ℃,拔节期最适温度为 18~27 ℃,抽雄期最适温度为 26~27 ℃,灌浆期和成熟期最适温度为 20~24 ℃。低温会严重限制玉米的生长发育,严重时会导致玉米植株死亡。近年来,东北地区春季时有低温雨雪天气,玉米播种常常受到倒春寒等低温天气的影响,因此开展玉米耐冷性研究迫在眉睫。目前,针对玉米耐冷性的研究多集中在种质筛选和生理方面。

李钊通过对 30 份玉米自交系进行冻害抗性鉴定和生理层面分析,筛选出抗冻玉米自交系 KR701 和冻害敏感自交系 Hei8834,后续对这些材料进行转录组分析鉴定得到多个参与逆境响应和与植物激素信号通路相关的基因,但并未对这些候选基因进行详细的功能研究。Di Fenza 等人从 12 个玉米自交系中筛选出抗寒自交系 Picker 和 PR39B29,以及冷敏自交系 Fergus 和 Codisco,转录组分析结果表明,根生长速率大的玉米自交系可能抗寒性较强。李萌对 102 份玉米自交系进行冷害抗性初筛(表型鉴定)和进一步筛选(形态指标:地上部分的干鲜重、地下部分的干鲜重、株高和叶面积)后得到一对抗性显著差异的自交系,分别为耐寒自交系 M54 和冷敏感自交系 753F,转录组分析结果表明,与耐寒性相关的通路为苯丙烷途径、苯丙氨酸代谢途径等次生代谢通路和淀粉等碳水化合物代谢途径。靳晓春等人在198份材料中根据出苗率筛选出24份适宜在三江平原地区播种的玉米自交系。刁玉霖等人通过测定形态指标及对所有指标拟合综合 D 值进行耐冷性评价,从30份甜玉米自交系中筛选出 T12 为耐冷玉米自交系,T27 为冷敏感玉米自交系。

杨德光等人的研究表明,低温抑制玉米种子发芽和幼苗生长,且使叶绿素含量、净光合速率等生理指标明显降低,但 MDA 含量、POD 活力、SOD 活力、脯氨酸含量和可溶性蛋白含量提高。李波和方志坚基于91份玉米自交系的耐低温表现发现:相对存活率是可以显著体现玉米耐冷性的指标,耐性强的玉米自交系幼苗体内含有更多的可溶性糖、可溶性蛋白和脯氨酸,且 POD、CAT 和 SOD 活力较高,叶片细胞结构变化也相对较小。Anna 等人的研究表明,冷敏感自交系 Zm–S 的 CO_2 吸收受到抑制,光合作用减弱,但耐冷自交系 Zm–T 的各项指标并无改变。耐冷自交系 Zm–T 的叶片厚度和叶肉细胞厚度均增大,维管束鞘细胞个数也较多,但冷敏感自交系 Zm–S 则反之。此外,耐冷自交系 Zm–T 体内的糖醛酸、β–葡聚糖合酶、酚类化合物等物质的含量也增加,以应对低温胁迫。因此,从种质资源鉴定、生理学及转录组等分子水平深入地挖掘玉米应对低温逆境的机制有重要的意义与价值。

第二节 ZmCOLD1 基因的克隆及生物信息学分析

目前,关于水稻和小麦 GPCR 类蛋白(COLD1 蛋白)的研究较为深入,但玉米 COLD1 蛋白响应低温胁迫的机制并未得到研究。因此,本节对 ZmCOLD1 基因功能进行初探,以期填补相关研究的空白。

一、试验材料

(一)供试材料

本节选取 3 份普通玉米品种(B73、YE478 和 CIMBL82)作为供试材料。19 份玉米野生近缘属种由国际玉米小麦改良中心(CIMMYT)惠赠,并由沈阳农业大学植物生理与种质创新团队负责繁种。

(二)试验试剂及仪器

同第二章。

二、试验方法

(一)材料种植

1. 普通玉米材料种植

挑取饱满、无破损的 10 粒种子种于基质土(营养土:蛭石:珍珠岩 = 3:3:1)中,于光照培养箱中培养 2 周(28 ℃,16 h 光照,8 h 黑暗,湿度为 60%),待其长至三叶一心期,挑取 5 株长势良好的玉米植株,用灭菌后的剪刀剪取新鲜叶片包于锡箔纸中,做好标记,立即放在液氮中速冻,随即放入 -80 ℃ 超低温冰箱中保存待用。

2. 野生玉米材料种植

针对 19 份玉米野生近缘属种,分别挑取圆润、饱满的 10 粒种子先浸泡于 100 mmol/L 的氯化钙溶液中,于 30 ℃ 光照培养箱中黑暗过夜,次日倒掉氯化钙溶液并用少量蒸馏水润湿,于 30 ℃光照培养箱(16 h 光照,8 h 黑暗,湿度为 60%)中培养,保证种子处于湿润状态直至发芽,将发芽的种子移入基质土(营养土:蛭石:珍珠岩 = 3:3:1)中,于 28 ℃光照培养箱中培养,待其长至三叶一心期,挑取 5 株长势良好的植株,用灭菌后的剪刀剪取新鲜叶片包于锡箔纸中,做好标记,立即放在液氮中速冻,随即放入 -80 ℃超低温冰箱中保存待用。

(二)目的基因扩增与克隆

1. 总 RNA 的提取

采用 EZ - 10 DNAaway RNA Mini - prep Kit 试剂盒提取各植物材料的总 RNA。

2. 反转录合成第一链 cDNA

合成第一链 cDNA 的具体操作步骤详见 HiFiScript 快速去基因组 cDNA 第一链合成试剂盒说明书。

3. 目的片段扩增

根据预试验结果,结合 *ZmCOLD1* 基因序列本身的特点,本节采用嵌套 PCR 扩增的方法获得目的片段。用数对外围引物(N1、N2、N3、N4 和 N5)进行第一轮扩增,经琼脂糖凝胶电泳检测,于 1 600 bp 左右有目的片段的 PCR 产物可作为第二轮扩增的模板。然后进行嵌套 PCR 扩增的第二轮扩增,所用引物为特异性编码区引物(CDS),经琼脂糖凝胶电泳检测,于 1 400 bp 左右有目的片段的 PCR 产物可在纯化后用于后续试验。

4. 目的片段纯化

本步骤采用琼脂糖凝胶纯化回收试剂盒,具体操作步骤详见其说明书。对得到的胶回收产物进行琼脂糖凝胶电泳检测和浓度测定。

5. 连接

本步骤以 T - Vector pMD19(Simple)作为克隆载体(该载体为添加 T 末端

的线性化载体),用 DNA Ligation Kit 进行连接,可以直接将 PCR 胶回收纯化产物与线性化载体连接(此过程要对纯化的目的片段进行定量以确保连接效率)。

6. 转化 *E. coli* DH10B 感受态细胞

具体操作步骤详见其说明书。

7. 菌落 PCR 验证

挑取白色单菌落放入 10 μL 无菌双蒸水中,取 2 μL 作为模板进行菌落 PCR,对 PCR 扩增结果进行琼脂糖凝胶电泳检测,目的片段为 1 600 bp 左右的为阳性克隆。

8. 摇菌及测序

将确定为阳性克隆的剩余 8 μL 菌液加入 10 mL 液体 LB 培养基中(加入相应抗生素,此处为 Amp),于 37 ℃振荡培养过夜。摇菌后,取 2 mL 浑浊的菌液送测序。

(三)生物信息学分析

将测序所得序列在 NCBI 网站上进行 BLAST,根据比对结果确认目的片段是否正确,并去除 2 段载体序列,得到完全的连续编码区序列。随后将这些序列提交至 GenBank 数据库。用 DNAMAN 8 软件进行多序列比对分析,所用其他序列均下载至 NCBI 网站。用 MEGA 7.0 软件进行系统发育分析,所用计算方法为最大似然法(ML),bootstrap 值为 1 000,并用 FigTree 软件对进化树进行可视化分析。用 TMHMM 软件(2.0 版本)对目的蛋白进行蛋白拓扑结构预测。用 ExPASy - ProtParam tool 在线分析蛋白序列的疏水簇(HCA)。

三、结果与分析

(一) 玉米 *ZmCOLD1* 基因的分离

为鉴定控制玉米抗逆性的关键基因,本节从 MaizeGDB 数据库中查找了玉米 B73 基因组 *GTG* 基因的相关信息。结果显示,玉米 B73 的基因组中共有 2 个 *GTG* 基因,分别位于 2 号染色体(Chr 2)和 10 号染色体(Chr 10)上,该 *GTG* 基因在禾本科中又称 *COLD1* 基因。基于染色体位置,将这 2 个基因命名为 *ZmCOLD1-2* 和 *ZmCOLD1-10*,具体信息见表 3-1。此外,本节查找了相关数据,其中 NimbleGen Array data 显示,*ZmCOLD1-10* 在玉米品种 B73 的多个组织中高度表达(见 https://www.maizegdb.org/gene_center/gene/GRMZM2G129169),而 *ZmCOLD1-2* 仅在主根等几个组织中表达(见 https://www.maizegdb.org/gene_center/gene/GRMZM2G417866)。另一组基于 RNA 测序的表达数据也证实了 *ZmCOLD1-2* 和 *ZmCOLD1-10* 的表达差异,显示 79 个不同组织部位里 *ZmCOLD1-10* 的表达量均远远高于 *ZmCOLD1-2* 的表达量,如图 3-1 所示。因此,本节选择 *ZmCOLD1-10* 作为研究对象进行后续的功能探究。

表 3-1 玉米 *GTG* 基因信息汇总

名称	染色体	基因符号	基因 ID	基因登录号	碱基	外显子	参考文献
ZmCOLD1-2	Chr 2	LOC103645985	103645985	XM 023301600	537	11	RefSeq,2017
ZmCOLD1-10	Chr 10	LOC100272676	100272676	NM 001366001	1 407	14	Winter et al.,2007;Sekhon et al.,2011

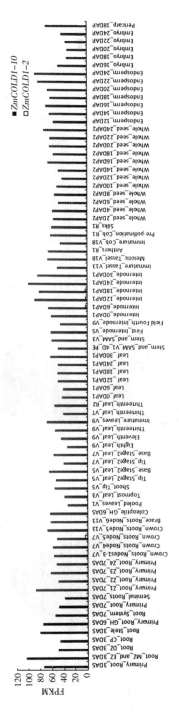

图3-1 ZmCOLD1-2、ZmCOLD1-10在79个组织器官中的表达

本节从数个玉米材料中,通过嵌套 PCR 扩增,鉴定得到多个 *ZmCOLD1 - 10* 基因,根据序列特点选择 3 个具有代表性的序列作为后续研究对象,这 3 个基因从 B73、YE478 和 CIMBL82 品种中分离获得,根据这 3 个序列的同源性比对和初级进化树(图 3 - 2),分别命名为 *ZmCOLD1 - 10A*、*ZmCOLD1 - 10B* 和 *ZmCOLD1 - 10C*。将这些序列上传至 NCBI 网站的 GenBank 数据库,获得的基因登录号及其他详细信息见表 3 - 2。其中,从玉米品种 B73 中鉴定得到的 COLD1 基因(*ZmCOLD1 - 10A*)与网上公布序列的个别碱基存在差异,但经多次重复试验,本节所得序列无误。该初级进化树囊括了 13 个作物和拟南芥的 GTG 蛋白(表 3 - 3),用软件 MEGA 7.0 通过 ML 法进行计算而得,其中 Cr - XP_001695894(XP_001695894)和 HsGPR89A(NP_001091082)与植物 GTG 蛋白相距较远而作为外类群。结果表明:3 个 ZmCOLD1 - 10 蛋白与粳稻 Os-COLD1 - Jap 和籼稻 OsCOLD1 - Ind 的亲缘关系最近,而 ZmCOLD1 - 2 与拟南芥 AtGTG1 和 AtGTG2 的亲缘关系更近。

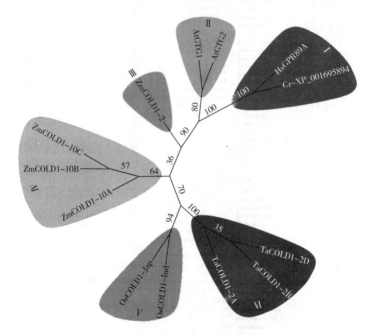

图 3 - 2　禾本科 GTG 蛋白进化关系

注:用 MEGA 7.0 软件构建进化树,所用方法为 ML 法,bootstrap 值为 1 000。蛋白名称包括种属名和登录号两部分,不同区域代表不同的分组。

表3-2 *ZmCOLD1-10* 基因描述

名称	玉米品种	亚群	基因片段/bp	基因登录号	氨基酸片段
ZmCOLD1-10A	B73	SS	1 407	MK176515	468
ZmCOLD1-10B	YE478	Mixed	1 347	MK176516	448
ZmCOLD1-10C	CIMBL82	TST	1 407	MK176517	468

表3-3 禾本科作物的 GTG 进化关系所用蛋白序列信息

名称	属种	基因片段/bp	蛋白片段/bp	登录号	TM个数	参考文献
ZmCOLD1-2	*Zea mays*	537	178	XP_023157368	1	RefSeq,2017
AtGTG1	*Arabidopsis thaliana*	1 407	468	AAL49849	9	Pandey et al.,2009；Jaffé et al.,2012
AtGTG2	*Arabidopsis thaliana*	1 476	491	NP_001320077	9	Pandey et al.,2009；Jaffé et al.,2012
TaCOLD1-2A	*Triticum aestivum*	1 407	468	AXY04440	9	Dong et al.,2018
TaCOLD1-2B	*Triticum aestivum*	1 407	468	AXY04441	9	Dong et al.,2018
TaCOLD1-2D	*Triticum aestivum*	1 356	451	AXY04442	8	Dong et al.,2018
OsCOLD1-Ind	*Oryza sativa*	1 407	468	A2XX57	9	Ma et al.,2015
OsCOLD1-Jap	*Oryza sativa*	1 407	468	XP_015633398	9	Ma et al.,2015
HsGPR89A	*Homo sapiens*	1 293	430	NP_001091082	8	Corominas et al.,2014
Cr-XP_001695894	*Chlamydomonas reinhardtii*	1 380	459	XP_001695894	9	Witt et al.,2012

ZmCOLD1-10A 和 ZmCOLD1-10C 序列的长度均为 1 407 bp，编码 468 个氨基酸残基，ZmCOLD1-10B 序列的长度为 1 347 bp，编码 448 个氨基酸残基。这些 ZmCOLD1-10 序列的相似性超过 94%，并与水稻、小麦、拟南芥和人类的 GTG 蛋白高度同源。其中，ZmCOLD1-10A 与水稻 OsCOLD1-Ind/Jap、小麦 TaCOLD1-2A/2B/2D、拟南芥 AtGTG1、拟南芥 AtGTG2、人类 HsGPR89A 的相

似性分别为95%、92%、80%、74%和43%。ZmCOLD1-10B 与水稻 OsCOLD1-Ind/Jap、小麦 TaCOLD1-2A/2B、小麦 TaCOLD1-2D、拟南芥 AtGTG1、拟南芥 AtGTG2、人类 HsGPR89A 的相似性分别为89%、87%、86%、77%、72%、40%。ZmCOLD1-10C 与水稻 OsCOLD1-Ind/Jap、小麦 TaCOLD1-2A/2B、小麦 TaCOLD1-2D、拟南芥 AtGTG1、拟南芥 AtGTG2、人类 HsGPR89A 的相似性分别为95%、94%、93%、80%、75%、43%。很明显，ZmCOLD1-10 与水稻的相似性最高，这也与上述进化分析结果吻合。此外，我们对 ZmCOLD1 各成员的分子量进行预测，结果显示 ZmCOLD1-10A/C 的分子量约为53.6 kDa，ZmCOLD1-10B 的分子量约为51.26 kDa。

（二）ZmCOLD1 蛋白特征

为进一步探索 ZmCOLD1 的生物学功能，本节用 TMHMM 软件对 ZmCOLD1 进行了拓扑结构预测，结果表明，ZmCOLD1-10A/B/C 蛋白均含有9个典型的 GPCR-like 跨膜结构域，如图3-3所示。该蛋白的 N 端在细胞膜外，这与已发现的植物 GTG 蛋白的结构相似，且在第5个跨膜结构域（TM）和第6个跨膜结构域之间有一个巨大的胞内结构域，该胞内结构域位于 ZmCOLD1-10A/C 的 178th 至 296th 氨基酸残基之间，在 ZmCOLD1-10B 中位于 158th 至 276th 氨基酸残基之间。针对这个胞内结构域，本节用 ExPASy-ProtParam 进行了疏水簇分析，结果表明此胞内结构域为亲水性结构域，将此结构域命名为 HL（hydrophilic loop）结构域，记为Ⅰ，如图3-4、图3-5所示。如图中的多序列比对结构所示，HL 域的 187th 氨基酸存在显著多样性，拟南芥中 AtGTG1 的 187th 氨基酸为丙氨酸（Ala，A），而 AtGTG2 的为丝氨酸（Ser，S）。小麦和籼稻中此处为甲硫氨酸（Met，M），而粳稻中此处为赖氨酸（Lys，K）。重要的是，玉米中该处均为苏氨酸（Thr，T）。为了进一步探究 SNP 在玉米中是否存在，本节搜集了多种玉米野生近缘属种，包括5种类蜀黍（*Z. mays mexicana*）、5种小颖类蜀黍（*Z. mays parviglumis*）、3种竹状类蜀黍（*Z. diploperennis*）、5种尼加拉瓜类蜀黍（*Z. nicaraguensis*）和1种多年生类蜀黍（*Z. perennis*）。这些材料中的 187th 氨基酸也均为苏氨酸，如图3-6所示，说明该处氨基酸在玉米及其野生近缘属种中的进化是保守的。

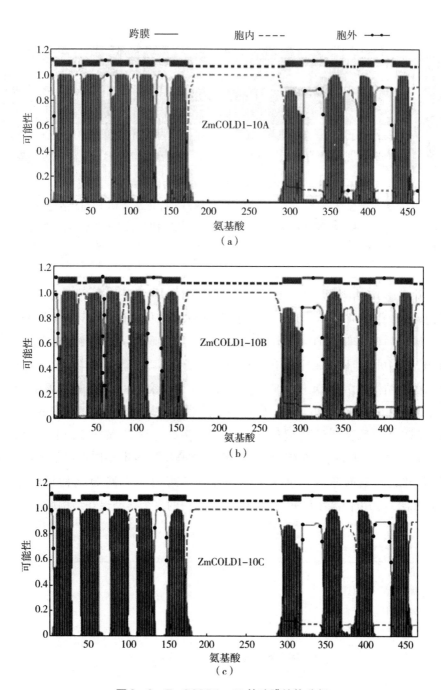

图 3-3　ZmCOLD1-10 的跨膜结构分析

注：ZmCOLD1-10 蛋白的拓扑结构用隐马尔可夫模型计算。

图 3-4　ZmCOLD1 氨基酸的结构模式图

注:TM 表示跨膜结构域,Ⅰ表示亲水性结构域(HL),Ⅱ表示 DUF3735 结构域,Ⅲ表示 GTP 水解酶激活结构域,Ⅳ表示 ATP/GTP 结合结构域。HL 结构域氨基酸保守性分析用 Weblogo 3.4 绘制。

除上述 HL 结构域(Ⅰ)外,所有 ZmCOLD1-10 氨基酸序列仍有多个保守结构域,如图 3-4、图 3-5 所示,包括 DUF3735 结构域(Ⅱ)、GTP 水解酶激活结构域(Ⅲ)和 ATP/GTP 结合结构域(Ⅳ)。如图 3-4 所示,约 70 个氨基酸(140th 至 210th)组成的一个保守结构域横跨了第 5 个跨膜结构域,该结构域是 DUF3735 结构域。在 DUF3735 结构域中,有 5 个突出且保守的甘氨酸(Gly,G),其中第 5 个 G(G166)形成 LSG 基序,该基序是该蛋白发挥功能的重要位点。GTP 水解酶激活结构域位于胞内,有 17 个连续的保守氨基酸(227th 至 243th),如图 3-4、图 3-5 所示。ATP/GTP 结合结构域也是该蛋白的典型结构域,从 382th 氨基酸延续至 411th 氨基酸,且横跨第 8 个跨膜结构域。总之,ZmCOLD1-10 蛋白高度保守,且具有 GTG 蛋白的多个典型保守结构域。

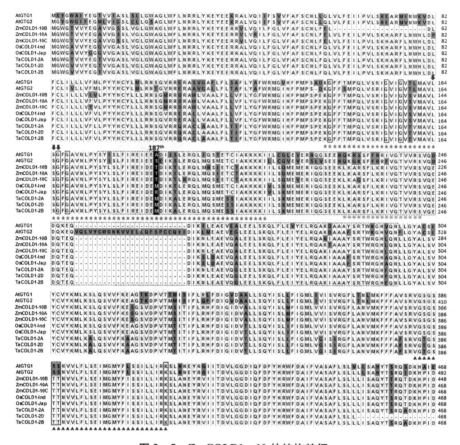

图 3-5 ZmCOLD1-10 的结构特征

注：灰色底纹的字母为非保守氨基酸；黑色虚线框内为 HL 保守结构域（178~296 残基），该区域内黑色底纹的字母为关键的 187th 氨基酸；星号所示为 DUF3735 保守结构域；黑色实线框内为甘氨酸（G）；箭头所示为 LSG 基序；最后一个区域实线框内为 GTP 水解酶激活结构域；三角所示为 ATP/GTP 结合结构域。

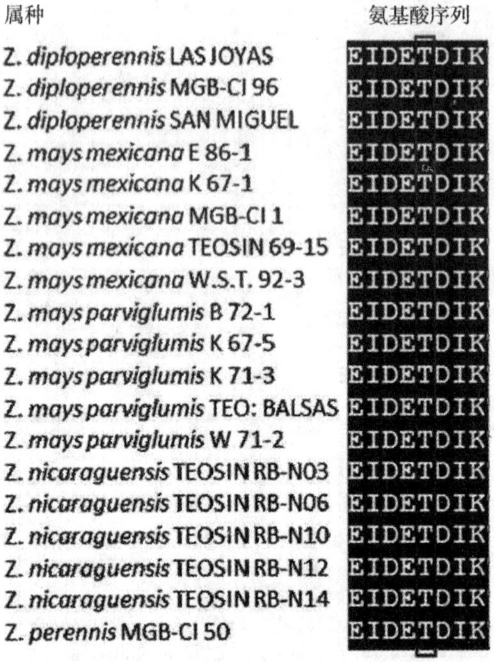

属种	氨基酸序列
Z. diploperennis LAS JOYAS	EIDETDIK
Z. diploperennis MGB-CI 96	EIDETDIK
Z. diploperennis SAN MIGUEL	EIDETDIK
Z. mays mexicana E 86-1	EIDETDIK
Z. mays mexicana K 67-1	EIDETDIK
Z. mays mexicana MGB-CI 1	EIDETDIK
Z. mays mexicana TEOSIN 69-15	EIDETDIK
Z. mays mexicana W.S.T. 92-3	EIDETDIK
Z. mays parviglumis B 72-1	EIDETDIK
Z. mays parviglumis K 67-5	EIDETDIK
Z. mays parviglumis K 71-3	EIDETDIK
Z. mays parviglumis TEO: BALSAS	EIDETDIK
Z. mays parviglumis W 71-2	EIDETDIK
Z. nicaraguensis TEOSIN RB-N03	EIDETDIK
Z. nicaraguensis TEOSIN RB-N06	EIDETDIK
Z. nicaraguensis TEOSIN RB-N10	EIDETDIK
Z. nicaraguensis TEOSIN RB-N12	EIDETDIK
Z. nicaraguensis TEOSIN RB-N14	EIDETDIK
Z. perennis MGB-CI 50	EIDETDIK

图 3-6 玉米野生近缘属种的 187th 氨基酸情况

注：实线框内为 187th 氨基酸。

（三）植物 GTG/COLD1 蛋白家族的进化关系

为了解植物 GTG/COLD1 蛋白家族的进化关系，本节从 NCBI 网站上搜集、下载了多个 ZmCOLD1 的同源蛋白，筛选出相似性大于 70% 的序列（表），包括禾本科（Gramineae）、茄科（Solanaceae）、葫芦科（Cucurbitaceae）、大戟科（Euphorbiaceae）、兰科（Orchidaceae）、芸香科（Rutaceae）、锦葵科（Malvaceae）、十字花科（Brassicaceae）、棕榈科（Palmae）和一些其他科属的成员。此外，我们将 HsGPR89A 和 C. reticulata - GAY43235 作为外类群。我们用 DNAMAN 8 软件对这 66 个植物蛋白序列做比对分析，并用 MEGA 7.0 软件进行系统发育关系分析（采用的计算方法为 ML 法，bootstrap 值设置为 1 000），并用 FigTree 软件对其进行可视化，结果见表 3-4。总体来说，所有植物 GTG/COLD1 蛋白大致分为两类,包括单子叶植物类和双子叶植物类。但有一个例外,A. trichopoda - XP_006854211 属于双子叶植物却分到了单子叶植物组,但总体上单、双子叶植物的分类均一性很高。这就说明,GTG 蛋白的这些序列特征可能在单、双子叶分离之后形成。在进化树中,所有植物 GTG 蛋白可细分为 9 类。包括 ZmCOLD1 蛋白在内的禾本科的蛋白组成了 Group Ⅷ,这些禾本科蛋白包括大麦属、山羊草属、小麦属、短柄草属、稻属、黍属、二型花属、甘蔗属、高粱属和狗尾巴草属植物的蛋白。在 Group Ⅷ 里,这些蛋白被分为 6 小组(Ⅷa、Ⅷb、Ⅷc、Ⅷd、Ⅷe 和 Ⅷf),并具有很强的种属特异性。也就是说,源于禾本科同一种属的 GTG 隶属于同一个小组,4 个玉米 ZmCOLD1 蛋白聚为一类,即 Group Ⅷe。玉米 ZmCOLD1 蛋白与 S. italica - XP_012702662 的亲缘关系更为接近。然而,唯一例外的是山羊草属的 A. tauschii - XP_020150953 并未与山羊草属的其他成员分为一组,而是与小麦属的成员聚为一类,这可能由山羊草属和小麦属亲缘关系较近所致。与禾本科类似,源于其他同一科的不同成员均聚为一类,这也进一步体现了 GTG/COLD1 蛋白的种属特异性。在 Group Ⅰ 中,源于茄科、玄参科、旋花科、茜草科、桑科和芸香科的 12 个 GTG/COLD1 蛋白聚为 5 个亚群,且茄科和芸香科的同一科的成员聚为一组。此外,葫芦科的 4 个成员、十字花科的 2 个成员、兰科的 3 个成员、棕榈科的 2 个成员、锦葵科的 5 个成员均分别被分到同一组。然而,杨柳科的 P. trichocarpa - XP_002319243 属于 Group Ⅱc,与 4 个大戟科的成员属于一组。综上所述,同一科的 GTG/COLD1 蛋白的形成在所在科多物种分化成多个成员之前发生。外类群的 C. reticulata - GAY43235、HsGPR89A 和江南卷柏 S. moellendorffii - XP_002988748 形成一个单独的分支,表明 GTG/COLD1 蛋白可能在单细胞生物和多细胞生物分化形成时演化而来。

表 3-4 植物 GTG/COLD1 系统演化关系分析所用序列

名称	科	属	蛋白登录号	参考文献
A. chinensis – PSS04584	Actinidiaceae	Actinidia	PSS04584	—
A. tauschii – XP_020150953	Gramineae	Aegilops	XP_020150953	RefSeq, 2017
A. trichopoda – XP_006854211	Lauraceae	Cinnamomum	XP_006854211	RefSeq, 2017
A. comosus – XP_020085441	Bromeliaceae	Ananas	XP_020085441	RefSeq, 2017
A. shenzhenica – PKA45974	Orchidaceae	Apostasia	PKA45974	Zhang et al., 2017
A. officinalis – XP_020247710	Liliaceae	Asparagus	XP_020247710	RefSeq, 2017
AtGTG1	Brassicaceae	Arabidopsis	NP001031235	Pandey et al., 2009; Jaffé et al., 2012
AtGTG2	Brassicaceae	Arabidopsis	NP001190854	Pandey et al., 2009; Jaffé et al., 2012
B. distachyum – XP_003580421	Gramineae	Brachypodium	XP_003580421	RefSeq, 2018
C. annuum – PHT75947	Solanaceae	Capsicum	PHT75947	Kim et al., 2014
C. reinhardtii – XP_001695894	Chlamydomonadaceae	Chlamydomonas	XP_001695894	Merchant et al., 2007
C. clementina – XP_024041532	Rutaceae	Citrus	XP_024041532	RefSeq, 2018
C. sinensis – XP_015381912	Rutaceae	Citrus	XP_015381912	RefSeq, 2018
C. reticulata – GAY43235	Rutaceae	Citrus	GAY43235	Shimizu et al., 2017
C. canephora – CDP04916	Rubiaceae	Coffea	CDP04916	—
C. melo – XP_008459206	Cucurbitaceae	Cucumis	XP_008459206	RefSeq, 2016
C. sativus – XP_004145360	Cucurbitaceae	Cucumis	XP_004145360	RefSeq, 2015

续表

名称	科	属	蛋白登录号	参考文献
C. moschata – XP_022944171	Cucurbitaceae	Cucurbita	XP_022944171	RefSeq, 2017
C. pepo – XP_023512439	Cucurbitaceae	Cucurbita	XP_023512439	RefSeq, 2018
D. catenatum – XP_020704674	Orchidaceae	Dendrobium	XP_020704674	RefSeq, 2017
D. oligosanthes – OEL32842	Poaceae	Dichanthelium	OEL32842	Studer et al., 2016
D. zibethinus – XP_022742300	Bombacaceae	Durio	XP_022742300	RefSeq, 2017
E. guineensis – XP_010918075	Palmae	Elaeis	XP_010918075	RefSeq, 2017
E. guttatus – XP_012853010	Scrophulariaceae	Mimulus	XP_012853010	RefSeq, 2015
G. hirsutum – XP_016740983	Malvaceae	Gossypium	XP_016740983	RefSeq, 2016
G. raimondii – XP_012470085	Malvaceae	Gossypium	XP_012470085	RefSeq, 2015
H. annuus – XP_022015951	Compositae	Helianthus	XP_022015951	RefSeq, 2017
H. umbratica – XP_021281650	Malvaceae	Malva	XP_021281650	RefSeq, 2017
H. brasiliensis – XP_021647074	Euphorbiaceae	Hevea	XP_021647074	RefSeq, 2017
HsGPR89A	Hominidae	Homo	NP001091082	Corominas et al., 2014
H. vulgare – AK251496	Gramineae	Hordeum	AK251496	Sato et al., 2009
P. nil – XP_019194057	Convolvulaceae	Pharbitis	XP_019194057	RefSeq, 2016
J. curcas – XP_012070258	Euphorbiaceae	Jatropha	XP_012070258	RefSeq, 2017
L. augustifolius – XP_019421707	Leguminosae	Lupinus	XP_019421707	RefSeq, 2016

续表

名称	科	属	蛋白登录号	参考文献
M. esculenta – XP_021621325	Euphorbiaceae	Manihot	XP_021621325	RefSeq, 2017
M. notabilis – EXB29130	Moraceae	Morus	EXB29130	—
M. acuminata – XP_009402979	Musaceae	Musa	XP_009402979	RefSeq, 2016
N. nucifera – XP_010278836	Nymphaeaceae	Nelumbo	XP_010278836	RefSeq, 2016
N. sylvestris – XP_009759545	Solanaceae	Nicotiana	XP_009759545	RefSeq, 2014
N. tomentosiformis – XP_009603306	Solanaceae	Nicotiana	XP_009603306	RefSeq, 2016
O. brachyantha – XP_015692306	Gramineae	Oryza	XP_015692306	RefSeq, 2016
OsCOLD1 – Ind	Gramineae	Oryza	A2XX57	Ma et al., 2015
OsCOLD1 – Jap	Gramineae	Oryza	XP_015633398	Ma et al., 2015
P. hallii – XP_025826266	Gramineae	Panicum	XP_025826266	RefSeq, 2018
P. equestris – XP_020576353	Orchidaceae	Phalaenopsis	XP_020576353	RefSeq, 2017
P. dactylifera – XP_008813625	Palmae	Phoenix	XP_008813625	RefSeq, 2018
P. trichocarpa – XP_002319243	Salicaceae	Populus	XP_002319243	RefSeq, 2018
R. communis – XP_002520085	Euphorbiaceae	Ricinus	XP_002520085	RefSeq, 2018
R. chinensis – XP_024179902	Rosaceae	Rosa	XP_024179902	RefSeq, 2018
S. arundinaceum – ASU87507	Gramineae	Saccharum	ASU87507	—
S. spontaneum – ASU87508	Gramineae	Saccharum	ASU87508	—

续表

名称	科	属	蛋白登录号	参考文献
S. moellendorffii – XP_002988748	Selaginellaceae	*Selaginella*	XP_002988748	RefSeq, 2018
S. italica – XP_012702662	Gramineae	*Setaria*	XP_012702662	RefSeq, 2017
S. lycopersicum – XP_010323909	Solanaceae	*Solanum*	XP_010323909	RefSeq, 2018
S. pennellii – XP_015080562	Solanaceae	*Solanum*	XP_015080562	RefSeq, 2016
S. bicolor – XP_002448458	Gramineae	*Sorghum*	XP_002448458	RefSeq, 2016
TaCOLD1 – 2A	Gramineae	*Triticum*	AXY04440	Dong et al., 2018
TaCOLD1 – 2B	Gramineae	*Triticum*	AXY04441	Dong et al., 2018
TaCOLD1 – 2D	Gramineae	*Triticum*	AXY04442	Dong et al., 2018
C. spinosa – XP_010528666	Capparaceae	*Cleome*	XP_010528666	RefSeq, 2016
T. cacao – XP_007029699	Sterculiaceae	*Theobroma*	XP_007029699	RefSeq, 2016
V. vinifera – XP_002270494	Vitaceae	*Vitis*	XP_002270494	RefSeq, 2016
ZmCOLD1 – 2	Gramineae	*Zea*	—	—
ZmCOLD1 – 10A	Gramineae	*Zea*	—	本节
ZmCOLD1 – 10B	Gramineae	*Zea*	—	本节
ZmCOLD1 – 10C	Gramineae	*Zea*	—	本节

四、本节小结

G 蛋白参与多种植物生长和发育过程,是在植物中高度保守的膜蛋白。本节从玉米中分离、鉴定得到 3 个新型的 GPCR 类 G 蛋白基因(*GTG*),该基因位于玉米的 10 号染色体上,将其命名为 *ZmCOLD1 - 10A*、*ZmCOLD1 - 10B* 和 *ZmCOLD1 - 10C*。该基因编码的氨基酸序列与水稻、小麦 COLD1 氨基酸序列有极高的相似性,且保守结构域分析结果表明,所有预测得到的蛋白均含有 GTG/COLD1 蛋白的基本特征,包括 GPCR - like 拓扑结构、保守亲水性结构域、DUF3735 结构域、GTP 水解酶激活结构域和 ATP/GTP 结合结构域。此外,氨基酸序列比对结果显示,187th 氨基酸为保守氨基酸 T,且在另 19 个玉米野生近缘属种中均为 T。亚细胞定位分析结果表明,该蛋白位于细胞质膜和内质网膜上。此外,本节搜集了 66 个植物 GTG/COLD1 氨基酸序列,并对其进行系统发育关系分析,结果表明,植物 GTG/COLD1 蛋白存在很高的种属特异性。

第三节 *ZmCOLD1* 基因的功能初探

一、试验材料

(一)供试材料

B73 玉米、拟南芥 *cold1* 突变体、拟南芥野生型(*Arabidopsis* Columbia,Col)和本氏烟草。

(二)构建载体所用菌株

大肠杆菌 DH10B 感受态细胞、农杆菌 GV3101 感受态细胞。

(三)构建载体所用质粒

pCAMBIA1300-35S 用于构建过表达载体,由本课题组保存。pCAMBIA3301-luciferase(简称3301-Luc)载体为改造的 pCAMBIA3301 载体,用于构建启动子缺失片段表达载体,由沈阳农业大学生物技术中心张丽博士提供。

(四)试验所用药品等

氨苄青霉素(ampicillin,Amp,A+,50 μg/mL)、卡那霉素(kanamycin,Kana,K+,100 μg/mL)、利福平(rifampicin,Rif,R+,50 μg/mL)、潮霉素 B(hygromycin B,Hyg,H+,50 μg/mL)、乙酰丁香酮(acetosyringone,AS,0.392 4 g AS+10 mL DMSO,过滤除菌,-20 ℃避光保存)、2-吗啉乙磺酸(MES,1 mol/L,10.662 5 g MES 溶于水,用 NaOH 调至 pH=5.6,过滤除菌,-20 ℃保存)、氯化镁溶液(1 mol/L,20.33 g $MgCl_2 \cdot 6H_2O$ 溶于水,定容到 100 mL,高压蒸汽灭菌)、LB 培养基、1/2 MS 粉末、琼脂糖粉末、荧光素酶母液(1 mol/L)、84 消毒液、无水乙醇、2×SYBR Green qPCR Mix、1 mL 注射器、载玻片和盖玻片。

琼脂粉板配制:准确称量 1 g 琼脂糖粉末加入 250 mL 蒸馏水中,于微波炉中加热至沸腾,反复煮沸 3 次后倒板备用。

(五)试验所用仪器

荧光定量 PCR 仪 CFX96、高低温试验箱、全自动荧光/化学发光成像分析仪。

二、试验方法

(一)材料种植

1. 玉米种植

玉米种植方法同第三章第二节。

2. 拟南芥培养

(1)拟南芥种子消毒

在超净工作台上对拟南芥种子进行消毒:用75%的乙醇清洗2 min,用30%的84消毒液清洗3 min(重复3次),最后用灭菌的蒸馏水清洗5次。

(2)铺板及春化

用灭菌的蓝色枪头将消毒后的种子依次点在1/2 MS平板上(抗性筛选时需添加潮霉素B,60 μL/100 mL),用封口膜封口,做好标记后于4 ℃条件下春化3 d(倒置),于22 ℃(16 h光照、8 h黑暗)光照培养箱中培养(正置或竖直培养)。

(3)移苗

当培养皿中的拟南芥长出4片真叶后,用镊子轻轻地将其移入基质土(营养土:蛭石:珍珠岩=3:3:1)中,盖好保鲜膜,于光照培养箱中培养待用(28 ℃,16 h光照、8 h黑暗,湿度为60%)。

(4)剪掉主干(侵染的拟南芥需要此步)

当拟南芥抽苔后,剪掉主茎以长出更多的分枝,易于后续对拟南芥进行侵染。在侵染前一天浇透水,并剪掉已结种子的花蕾或种荚。

3. 本氏烟草种植

先将本氏烟草种子浸泡于无菌蒸馏水中,于4 ℃春化3 d,然后用牙签蘸取种子点于灭菌后的基质土(营养土:蛭石:珍珠岩=3:3:1,121 ℃灭菌1 h后冷却即可用)中,盖膜,于 25 ℃ 光照培养箱中培养(16 h 光照、8 h 黑暗,湿度为 60%)至长出 2 片叶后可揭掉膜,继续长至 6 周龄即可用。

(二)RT – qPCR

步骤详见相关说明书。

(三)拟南芥 T – DNA 插入突变体纯合的筛选

由于在相关网站上买到的拟南芥突变体是采用 T – DNA 插入方法获得的 T1 代,因此仍需进一步筛选出纯合的 T – DNA 插入突变体。先利用在线引物设计工具鉴定引物,然后以 T1 代拟南芥 DNA 为模板进行目的片段扩增,若产物为两条目的条带(一条为 900 bp,一条为 410 ~ 710 bp)则为杂合,若只有一条约 900 bp 的条带则为野生型,若只有一条 410 ~ 710 bp 的条带则为纯合。

(四)拟南芥突变体或过表达植株表型鉴定

将筛选得到的纯合 *cold1* 突变体株系 *cold1 – 1*、*cold1 – 2* 及野生型拟南芥(WT)等数铺板(每种 130 粒),或将筛选得到的纯合 *ZmCOLD1 – 10A* 过表达植株株系 *COLD1 – OE1*、*COLD1 – OE2* 及野生型拟南芥等数铺板(每种 130 粒),待其长出 4 片真叶后进行冷处理以鉴定表型,处理条件为 – 10 ℃ 处理 1 h,其中降温过程为:从 4 ℃ 开始降温,每小时下降 1 ℃,直至 – 10 ℃。冷处理后过夜解冻(4 ℃ 黑暗培养过夜),然后于正常条件下培养 1 周,观察表型。

(五)拟南芥过表达载体构建

根据目的序列所含的限制性内切酶位点和载体的多克隆位点,采用 T4 连接酶法构建拟南芥过表达载体(其中含有酶切位点的特异性引物 ZmCOLD1 – 10A – OE 的 5′端为 *Sal* I、3′端为 *Pst* I),并在目的片段后面加入 His 标签,载体构建完成后的测序引物为 1300 – ter – R。

(六) 拟南芥过表达植株的获得及纯合筛选

1. 农杆菌介导的花序侵染法转化拟南芥

(1) 小摇活化

将带有重组质粒的农杆菌 GV3101 单菌落接入 10 mL LB 液体培养基 (K+, 50 μg/mL; R+, 100 μg/mL) 中, 28 ℃培养 24 h。

(2) 大摇

取 100 μL 小摇菌液加入 50 mL LB 液体培养基中, 28 ℃培养 16~24 h, 至 $OD_{600}=0.6~0.8$。

(3) 菌体收集

取 2 mL 菌液, 4 000 r/min、室温离心 10 min, 收集菌体, 并用 700 μL 侵染液重悬。侵染液含 5% 的蔗糖和 0.03% 的 Silvet L-77。

(4) 转化

选取花苞露白的拟南芥植株进行转化, 用微量移液枪将悬浮菌液滴至露白的花苞上。

(5) 保湿

侵染后的苗需要平放于黑暗环境中, 避光保湿 24 h 后扶正。

(6) 收获

竖直培养至收获种子, 所收获的种子记为 T1 代。

2. T1 代种子筛选

将 T1 代种子铺在 1/2 MS 培养基 (H+) 上, 培养 20 d 后挑选长出 4 片真叶且根系发达的株系 (符合 3∶1 比例), 移苗至基质土中培养, 直至收种, 所收获种子记为 T2 代。

3. T2 代种子筛选

将 T2 代种子铺在 1/2 MS 培养基 (H+) 上, 培养 20 d 后若均长出 4 片真叶且根系发达, 则此株系均为纯合株系, 所收获种子记为 T3 代, 将 T3 代种子种植后所收种子可进行后续试验。

(七)*ZmCOLD1 - 10A* 启动子的克隆及顺式作用元件分析

为进一步探索 *ZmCOLD1 - 10A* 响应冷胁迫的具体机制,本节基于获得的 *ZmCOLD1 - 10A* 序列,通过 MaizeGDB 和 NCBI 数据库查找其启动子序列,下载 ATG 上游 1 500 bp 的序列为目的片段,在 B73 玉米材料中扩增该序列(所用引物为 ZmCOLD1 - 10P1),扩增并测序后获得目的序列。接下来,用在线分析软件 PlantCARE 对获得的启动子序列进行顺式作用元件预测,用 IBS 软件对所获顺式作用元件进行可视化分析,并绘制顺式作用元件模式图。

(八)*ZmCOLD1 - 10A* 启动子的缺失表达载体的构建

根据所获启动子序列及预测的顺式作用元件,再结合 *ZmCOLD1 - 10A* 的表达模式,设计 *ZmCOLD1 - 10A* 启动子缺失片段,以寻找启动 *ZmCOLD1 - 10A* 表达的重要元件。将启动子分为5部分,设计1个全长片段和4个缺失片段,构建到载体 3301 - Luc 上,所用方法为 In - Fusion 法,多段目的片段的扩增引物为 ZmCOLD1 - 10P2、ZmCOLD1 - 10P - Δ1、ZmCOLD1 - 10P - Δ2、ZmCOLD1 - 10P - Δ3 和 ZmCOLD1 - 10P - Δ4。

(九)*ZmCOLD1 - 10A* 启动子的缺失片段在烟草中瞬时表达

烟草侵染液制备及注射步骤如下:

①小摇:挑取含有重组质粒的农杆菌单菌落接至 10 mL 液体 LB 培养基(R + ,K +)中,放于 180 r/min、28 ℃摇床中振荡培养过夜,直至 OD_{600} 为 1.0 左右。

②大摇:以 1∶100 的比例将小摇所得菌液转接至新的液体 LB 培养基中(此处取 500 μL 小摇菌液加入 50 mL 液体 LB 培养基中,加 10 mmol MES 和 20 μmol AS、Rif、Kana),放于 180 r/min、28 ℃摇床中振荡培养过夜,直至 OD_{600} 为 1.2 左右。

③将大摇菌液放于 50 mL 离心管中，4 000 r/min 离心 10 min，去上清。

④用 30 mL 浸润液重悬菌体后，4 000 r/min 离心 10 min，去上清。

浸润液需现用现配，配制方法如下（以配制 50 mL 为例）：

500 mmol MES – KOH（pH = 5.6）	1 mL
1 mol $MgCl_2$	500 μL
50 mmol AS	150 μL
灭菌双蒸水	补至 50 mL

⑤重复步骤④一次。

⑥用少量浸润液重悬收集的菌体，测重悬液 OD_{600} 后，用浸润液调至 OD_{600} = 1.0。将调好 OD 值的菌液于 28 ℃ 黑暗静置 3 h。

⑦将预注射的重悬液充分吸打、混匀，注射入烟草背面的表皮。

准备烟草：在注射前一天将烟草浇透水，挑选长势良好、完全伸展且叶面平整的烟草为注射材料。

注射：在所选叶片背面用针头扎小孔，用注射器对准小口注射。每份样片注射 3 株烟草，每株注射 3 片叶子。

⑧用塑料袋套住注射完的烟草，于黑暗条件下放置 24 h 后，光照培养 3 d 后观察。

（十）荧光素酶信号检测

荧光素酶钾盐底物具有致癌性、挥发性且对光敏感，因此需戴好口罩和手套，并准备好报纸等，确保不污染工作台和仪器等。黑暗处理时必须用盖子盖上后再静置，使用时尽量保持黑暗。荧光素酶信号检测步骤如下：

①用小剪刀剪下注射过的烟草叶片，将其背面朝上置于琼脂粉板上，用手轻轻将叶子铺平。

②现配荧光素酶钾盐底物（50 mmol/L）：取 3 μL 母液加入 57 μL 无菌蒸馏水中迅速吸打、混匀。

③在注射处涂抹上上述荧光素酶钾盐底物工作液，涂匀，黑暗静置 5 min 后观察。

④放入全自动荧光/化学发光成像分析仪的操作箱，打开照相软件进行信

号检测。

三、结果与分析

(一) ZmCOLD1 基因的表达模式分析

低温胁迫作为主要的非生物胁迫之一,对植物的生长发育及分布有巨大的伤害。植物耐冷性状是典型的数量性状,受多基因控制。遭受低温胁迫时,植物体内发生一系列的分子层面的变化,包括耐冷基因的诱导和表达。为解析 ZmCOLD1 与玉米耐冷性的关系,本节对 B73 玉米材料进行了低温处理,在 4 ℃ 分别处理 0 h、2 h、4 h、6 h、8 h、10 h、12 h、24 h、36 h、48 h、60 h、72 h 后取根、茎、叶提取 RNA,检测不同处理时间、不同组织 ZmCOLD1 - 10A 基因的表达量,结果如图 3 - 7 所示,其中 ZmCBF 和 ZmRD29A 为冷处理的标记基因,以说明该低温处理过程的可靠性。由图 3 - 7 可知,在 4 ℃ 处理 2 h 后,叶片中 ZmCOLD1 - 10A 的表达量开始上升,直至处理 6 h 时表达量达到最大,随后缓慢下降,在 12 h 后不再有大的波动。在 4 ℃ 处理 2 h 后,茎中 ZmCOLD1 - 10A 的表达量也开始上升,但上升趋势弱于叶片,在 10 h 时达到峰值,随即下降。相较于叶片和茎,玉米的根部在处理 24 h 后才可以应答低温胁迫。由此可知,低温胁迫后,玉米的叶片最先感应低温,其次是茎,最后是根。

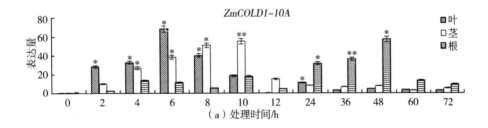

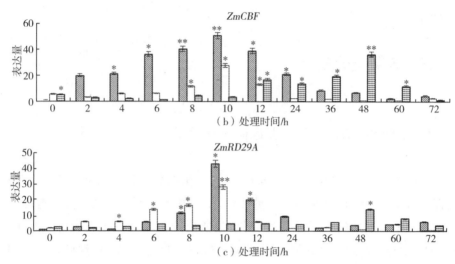

图 3-7 冷胁迫下 ZmCOLD1-10A 在不同组织中的表达量

注：*表示显著性。

已有研究表明，TaCOLD1 受光调节，且表现为光抑制。为调查 ZmCOLD1-10 是否也响应光信号，本节将三叶一心期的玉米幼苗分别放于正常环境和持续黑暗处理下培养 0 h、2 h、4 h、6 h、8 h、12 h、24 h，迅速剪取叶片取样并检测 ZmCOLD1-10A 的表达量，结果如图 3-8 所示。在正常光照下，叶片中 ZmCOLD1-10A 的表达量慢慢降低，但经持续黑暗处理后的叶片中 ZmCOLD1-10A 的表达量与处理前保持不变。结果说明，相较于黑暗处理，光照处理使得叶片中 ZmCOLD1-10A 的表达量较处理前先降低后慢慢升高，ZmCOLD1-10A 受光信号调节，并体现为光抑制。

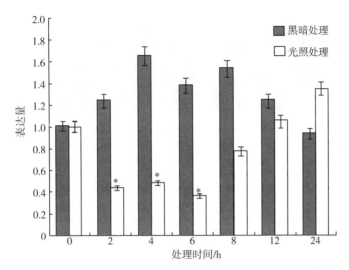

图 3-8　不同处理时间下 *ZmCOLD1-10A* 在玉米叶片中的表达量

注：*表示显著性。

（二）拟南芥 *cold1* 突变体的筛选与鉴定

低温是限制植物生长发育的主要因素之一，在低温胁迫下，植物呈现萎蔫等表型，且植物体内诱发一系列的冷应答机制。已有研究证明 *COLD1* 对植物耐冷有贡献，且前文中的结果显示 *ZmCOLD1-10A* 响应玉米幼苗的低温胁迫，但该基因的表达是否会影响植株的表型仍需确定。先用 PCR 扩增法筛选 *cold1* 纯合突变体株系，如图 3-9 所示。然后，对拟南芥的 *cold1* 突变体进行表型鉴定，以筛选出的纯合突变体株系 *cold1-1* 和 *cold1-2* 作为研究对象，与野生型拟南芥（WT）共同种于 1/2 MS 培养基上，在正常生长条件下培养 2 周后于低温培养箱中低温处理，从 4 ℃开始降温，每小时下降 1 ℃，直至 -10 ℃，持续 1 h 后，在常温黑暗条件下过夜解冻，再于正常生长培养条件下培养 1 周后观察表型。结果显示，未经冷处理的 *cold1-1*、*cold1-2*、WT 植株长势良好且一致，经冷处理后，*cold1-1* 植株和 *cold1-2* 植株萎蔫数目较多，受冷害更为严重。结果表明，相较于 WT 植株，*cold1-1* 植株和 *cold1-2* 植株对低温胁迫敏感。

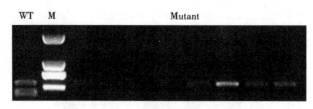

图 3-9 *cold1* 纯合突变体株系筛选

注:WT 为野生型拟南芥;M 为 DNA Marker;Mutant 为 8 个 *cold1* 突变体株系。

(三) 拟南芥 ZmCOLD1-10A 过表达植株的筛选与鉴定

由对 *cold1* 突变体的表型鉴定结果可知,*COLD1* 基因对植株耐冷有贡献,但 *ZmCOLD1* 对植株抵御低温胁迫的作用仍需被进一步探索。本节构建了 *ZmCOLD1-10A* 过表达载体,采用花序侵染法转化拟南芥,筛选获得纯合植株,并对这些纯合株系进行表型鉴定。结果显示,未经冷处理的 *COLD1-OE1*、*COLD1-OE2*、WT 植株生长良好且长势一致,经低温处理后的 *COLD1-OE1*、*COLD1-OE2*、WT 植株表型差异明显,WT 植株受低温胁迫更严重,植株死亡数目较多,*COLD1-OE1* 植株和 *COLD1-OE2* 植株受损伤程度较轻。结果表明,相较于 WT 植株,*COLD1-OE1* 植株和 *COLD1-OE2* 植株有较强的耐冷性。

(四) 启动子克隆及其顺式作用元件分析

为进一步探索 *ZmCOLD1-10A* 响应冷应激的具体机制,本节基于获得的 *ZmCOLD1-10A* 序列,通过 MaizeGDB 和 NCBI 数据库查找其启动子序列,下载 ATG 上游的 1 500 bp 序列为目的片段,在 B73 玉米材料中扩增该序列,并用 PlantCARE 软件对获得的启动子序列进行顺式元件预测,找出与植物应答冷胁迫相关的元件,并用 IBS 软件对所获顺式元件进行可视化分析,绘制顺式作用元件模式图。*ZmCOLD1-10A* 启动子的元件可分为三类:一是光响应元件 H-box;二是激素响应元件,包括 ABA 相关响应元件(ABRE、ABRE3a/ABRE4 和 motif Ⅱb)、AUX 相关响应元件(TGA-element)、GA 相关响应元件(GAREmotif）；三是冷响应相关元件，包括 DRE core 和 MYB 相关响应元件（MBS）。

根据所获启动子序列及预测的顺式作用元件的潜在功能，再结合 *ZmCOLD1 - 10A* 的表达模式，设计 *ZmCOLD1 - 10A* 启动子缺失片段，以寻找启动 *ZmCOLD1 - 10A* 表达的重要元件。依据这些元件所在位置，将 *ZmCOLD1 - 10A* 的启动子分为 5 部分，设计一个全长片段和 4 个缺失片段（分别为 *ZmCOLD1 - 10P*、*ZmCOLD1 - 10P - Δ1*、*ZmCOLD1 - 10P - Δ2*、*ZmCOLD1 - 10P - Δ3* 和 *ZmCOLD1 - 10P - Δ4*），构建到载体 3301 - Luc 上，并在烟草中瞬时表达，再对各个缺失片段做不同的处理，以寻找受响应的顺式作用元件。如图 3 - 10(a)所示，全长 *ZmCOLD1 - 10P* 和缺失片段 *ZmCOLD1 - 10P - Δ1* 在经过持续黑暗处理后对荧光素酶的启动活力不同，*ZmCOLD1 - 10P* 在未处理时并未出现明显的荧光信号，而经过持续黑暗处理后出现了明显的荧光信号，说明 *ZmCOLD1 - 10P* 上可能存在响应光的元件，且表现为光抑制。但是，经过相同处理的 *ZmCOLD1 - 10P - Δ1* 不受光照影响，说明 *ZmCOLD1 - 10P - Δ1* 缺失的片段中含有光响应元件。因此推测，*ZmCOLD1 - 10P* 的 H - box 是决定 *ZmCOLD1* 表现为光抑制表达的元件。图 3 - 10(b) 为冷处理前后的全长片段 *ZmCOLD1 - 10P* 和缺失片段 *ZmCOLD1 - 10P - Δ3* 对报告基因荧光素酶基因的启动情况，*ZmCOLD1 - 10P* 在冷处理后出现了较强的荧光信号，而 *ZmCOLD1 - 10P - Δ3* 的荧光信号较弱，表明 *ZmCOLD1 - 10P - Δ3* 缺失片段中可能存在冷应答相关元件，整个 *ZmCOLD1 - 10P* 存在多个与冷应答相关的顺式元件，*ZmCOLD1 - 10P* 在冷处理下使荧光素酶的荧光信号加强可能不是单一元件作用的结果。*ZmCOLD1 - 10P - Δ1* 上有 5 个响应 ABA 的元件，且 1 个 ABRE 与 ABRE3a/ABRE4 串联在一起，从图 3 - 10(c) 中可以看出，只含 motif Ⅱb 的 *ZmCOLD1 - 10P - Δ4* 对 ABA 处理有很强的响应，含有所有 ABA 相关响应元件的 *ZmCOLD1 - 10P - Δ1* 也对 ABA 有较强的响应，而含有 motif Ⅱb 和 2 个 ABRE 的 *ZmCOLD1 - 10P - Δ2* 却对 ABA 无响应。有研究表明，GA 与 ABA 存在拮抗作用，*ZmCOLD1 - 10P - Δ3* 的 GA 元件和少量的 ABA 响应元件可能是导致 *ZmCOLD1 - 10P - Δ2* 不响应 ABA 刺激的因素。

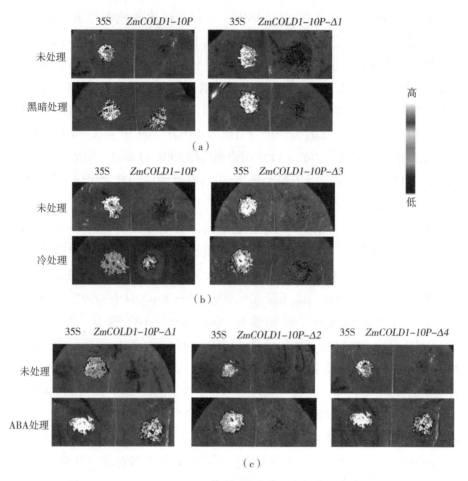

图 3-10 *ZmCOLD1-10A* 启动子缺失片段在烟草中的瞬时表达

注:35S 为 35S 启动子。

但是,瞬时转化烟草基因的瞬时表达也存在一定的不精确性,进一步开展定性试验是解析 *ZmCOLD1-10P* 分子机制的必要途径。依据上述结果,本节设计了 3 个探针[分别为 H-box(CCTACCCCGGTTACTGTTAA)、MYB 及 ABA 响应元件组合(TAACCATACGTGTTTTTTAAAGTCACACGTGAT)和 DRE core(GCCGAC)]进行凝胶迁移试验(EMSA),以筛选与该启动子顺式元件相结合的转录因子,这将是后续对 ZmCOLD1-10 功能探索的重点内容之一。

四、本节小结

为解析 *ZmCOLD1* 基因与玉米耐冷性的关系,本节对 *ZmCOLD1 - 10A* 的表达模式、耐冷表型和启动子特性进行了分析,结果表明,*ZmCOLD1 - 10A* 在玉米的根、茎、叶中均表达,且受冷诱导,在叶片中最先被诱导,然后在茎中被诱导,最后在根中被诱导,且在叶中的表达量最高。此外,*ZmCOLD1 - 10A* 还受光信号调控,并体现为光抑制。我们在获得 *cold1* 和 *COLD1 - OE* 纯合突变体后,对其耐冷表型进行鉴定,结果表明,*cold1* 植株相较于 WT 植株体现为冷敏感,*COLD1 - OE* 植株相较于 WT 植株有较强的耐冷性,说明 *ZmCOLD1 - 10A* 对拟南芥耐冷有贡献,且为增强作用。对 *ZmCOLD1 - 10A* 启动子的顺式作用元件分析和不同启动子缺失片段启动活力的分析结果表明,H - box、MYB、ABA 和 DRE core 相关元件为该启动子的重要元件。

第四节 ZmCOLD1 蛋白的特性及其互作蛋白鉴定

一、试验材料

(一)植物材料

本氏烟草种子。

(二)构建载体所用菌株

大肠杆菌 DH10B 感受态细胞、农杆菌 GV3101 感受态细胞。

(三)构建载体所用质粒

含有绿色荧光蛋白(GFP)的瞬时表达载体 16318 – hGFP(抗性为 Amp)、PAD62(抗性为 Kana,为细胞膜 marker)、PAC986(抗性为 Kana,为内质网膜 marker)、JW771(35S LUC – N)、JW772(35S LUC – C,由西北农林科技大学陈坤明教授和台莉博士惠赠)、辅助质粒 P19。

(四)试验所用药品等

同第三章第三节。

(五)试验所用仪器

共聚焦显微镜、全自动荧光/化学发光成像分析仪。

二、试验方法

(一)植物材料种植方法

本氏烟草种植方法同第三章第三节。

(二)亚细胞定位预测方法

信号肽分析采用在线分析软件 SignalP 4.1(http://www.cbs.dtu.dk/services/SignalP/)。亚细胞定位预测采用在线分析软件 TargetP(http://www.cbs.dtu.dk/services/TargetP/)。

(三)*ZmCT2* 基因获得及生物信息学分析

相关方法同 *ZmCOLD1*。

(四)载体构建

采用 T4 连接酶法构建,特异性引物 5′端为 *Sal*Ⅰ,3′端为 *Bam*HⅠ,记为 hGFP。设计载体构建完成后的测序引物,记为 hGFP - N3。

(五)烟草瞬时表达

具体步骤参见第三章第三节。

(六)亚细胞定位信号观察

在注射处剪下一小块叶片,用尖头镊子将其表皮细胞撕下,放置在载玻片上,在表皮上滴一两滴蒸馏水后盖上盖玻片,此时压片完成,可上镜观察。用共聚焦显微镜进行荧光观察。

(七)荧光素酶信号检测

具体步骤参见第三章第三节。

三、结果与分析

(一)ZmCOLD1 的亚细胞定位预测

为深入了解和解析 ZmCOLD1 - 10 蛋白行使功能的机理,首先需明确其作用位置,此处以 ZmCOLD1-10A 作为研究对象。首先,用 SignalP 4.1 对其进行信号肽预测,结果表明该蛋白无信号肽,不属于分泌蛋白。其次,用 TargetP 对 ZmCOLD1-10A 的特性进行分析,结果如图 3-11 所示。本软件基于其理化性质计算得分来预测,结果表明该蛋白位于叶绿体、线粒体、分泌蛋白等以外的其他位置。最后,结合前文中对其跨膜结构域的分析,推测该蛋白属于膜蛋白。

```
### targetp v1.1 prediction results ###################################
Number of query sequences:    1
Cleavage site predictions not included.
Using PLANT networks.

Name                  Len    cTP    mTP    SP    other   Loc  RC
----------------------------------------------------------------
query                 468    0.002  0.301  0.269  0.747   _    3
----------------------------------------------------------------
cutoff                       0.000  0.000  0.000  0.000
```

图 3-11　ZmCOLD1-10A 亚细胞定位预测

(二) ZmCOLD1 是膜蛋白

根据对 ZmCOLD1-10A 的亚细胞定位预测结果,本节对 ZmCOLD1-10A 进行亚细胞定位。先将其与含有 GFP 的瞬时表达载体 16318-hGFP(抗性为 Amp)融合,得到重组质粒 16318-hGFP-ZmCOLD1-10A,选择 PAD62(PM)、PAC986(ER)为细胞膜和内质网膜的位置标记 marker,将其与 16318-hGFP-ZmCOLD1-10A(ZmCOLD1-10A-GFP)分别混合后在烟草中瞬时共表达,结果如图 3-12 所示。图 3-12(a)为 16318-hGFP-ZmCOLD1-10A 与 PAD62 瞬时共表达的结果,其中 16318-hGFP-ZmCOLD1-10A 发出的绿色荧光与 PAD62 的红色荧光融合为黄色荧光信号,说明 16318-hGFP-ZmCOLD1-10A 在细胞膜上表达。同理,如图 3-12(b)所示,16318-hGFP-ZmCOLD1-10A 在内质网膜上也表达,其中图 3-12(c)为图 3-12(b)中白色框内图像的放大图。综上所述,ZmCOLD1-10A 蛋白位于细胞膜和内质网膜上。

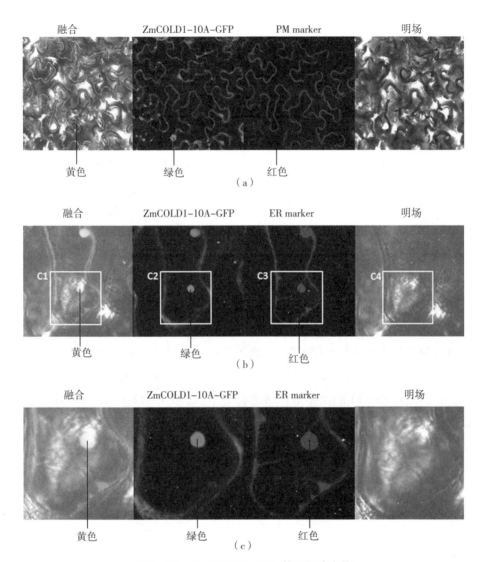

图 3-12 ZmCOLD1-10A 的亚细胞定位

注:(a)和(b)的比例尺为 1:10 μm;(c)中各图分别为(b)白色框内图像的放大图,比例尺为 1:5 μm。

(三)*ZmCT2* 基因克隆及生物信息学分析

我们已知 ZmCOLD1-10 是一个膜蛋白,那么是否存在与其结合或互作的分子来帮助它传递信号至细胞核内,进而发挥分子功能呢?已有研究人员证明水稻 COLD1 蛋白可与 G 蛋白 α 亚基(RGA1)互作,并通过两个蛋白的互作激活钙离子通道,完成对外界冷刺激信号的传递。近期又有研究指出,普通小麦的 TaCOLD1 也可与小麦 G 蛋白 α 亚基互作完成对小麦株高的控制,并证明 TaCOLD1 的核心区域 HL 是与下游 TaGα 互作的决定性结构域,TaCOLD1 上除 HL 以外的 C 端和 N 端结构并无此功能。进一步的试验结果说明,TaGα 有三个成员:TaGα-7A、TaGα-7D 和 TaGα-1B。但是,只有 TaGα-7A 能与 TaCOLD1 的 HL 互作。此外,已有研究人员针对玉米的 G 蛋白 α 亚基做了详细的功能分析,表明玉米的 G 蛋白 α 亚基由基因 *COMPACT PLANT*2(*CT2*)编码,并且该蛋白功能缺失突变体具有植株矮化的表型。玉米 ZmCOLD1-10 与其 G 蛋白 α 亚基(CT2)是否也存在互作,则需要进一步验证。本节依据玉米的 CT2 序列在 B73 中扩增获得 ZmCT2 序列,并对其进行一系列的生物信息学分析。

我们先对 ZmCT2 的保守结构域进行分析,如图 3-13 所示。ZmCT2 的主要保守结构域为 GTP/Mg^{2+} 结合位点(GTP/Mg^{2+} binding site)和潜在的受体结合位点(putative receptor binding site),且前者在整个氨基酸序列上都有分布,而潜在的受体结合位点位于 C 端。多序列比对和分子进化分析结果也证实了 ZmCT2 结构的保守性,如图 3-14、图 3-15 所示。

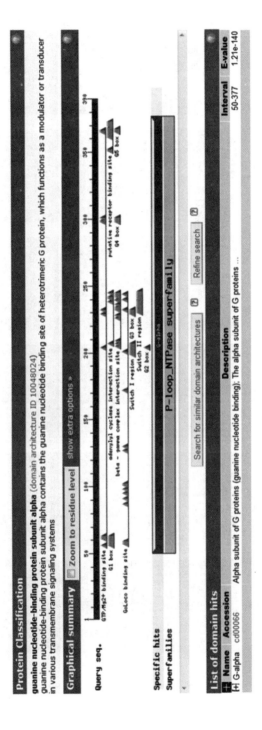

图 3-13 ZmCT2 的保守结构域分析

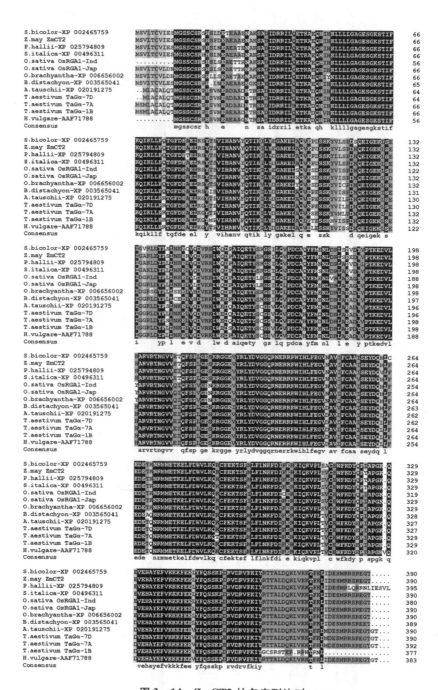

图 3-14 ZmCT2 的多序列比对

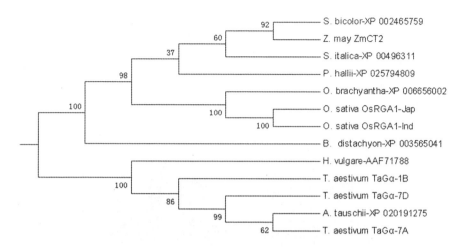

图 3-15 ZmCT2 的分子进化分析

(四) ZmCOLD1 与 ZmCT2 存在互作

为探索玉米 ZmCOLD1-10 是否与其 G 蛋白 α 亚基 ZmCT2 存在物理性互作,本节对其进行了双分子荧光互补分析(BiFC),分别将全长 ZmCOLD1-10A 和 ZmCT2 构建在 N-LUC 与 C-LUC 载体上,将构建好的重组质粒转入农杆菌,采用农杆菌介导的烟草瞬时表达系统监测二者是否有互作,结果如图 3-16(a)所示,ZmCOLD1-10A 和 ZmCT2 存在明显的互作。那么,发生互作的关键区域是什么呢? 最近关于 TaCOLD1 的研究指出:TaCOLD1 的核心区域 HL 与下游 TaGα-7A 的 C 端发生互作,且其他区域无互作活性。本节将 ZmCOLD1-10A 分为三段,即 ZmCOLD1-10A-N、ZmCOLD1-10A-HL 和 ZmCOLD1-10A-C,如图 3-17 所示,分别将其与载体 N-LUC 融合后与 C-LUC-ZmCT2 共转化烟草,结果如图 3-16(b)(c)(d)所示,只有 ZmCOLD1-10A-HL 能与 ZmCT2 发生互作,ZmCOLD1-10A-N 和 ZmCOLD1-10A-C 并不能与 ZmCT2 结合。这表明 HL 是 ZmCOLD1-10A 与其下游 ZmCT2 发生互作的关键结构域。本节又将 ZmCT2 分为两段,即 ZmCT2-C 和 ZmCT2-ΔC,如图 3-18 所示,并将其与 C-LUC 载体融合获得重组质粒,与 N-LUC-ZmCOLD1-10A 全长共转化烟草使其瞬时表达,观察信号,如图 3-19 所示:ZmCT2-C 与 N-

LUC–ZmCOLD1–10A 互作后产生荧光信号,而 ZmCT2–ΔC 与 N–LUC–ZmCOLD1–10A 的共表达并无荧光信号。这说明 ZmCT2 的 C 端序列是其与 N–LUC–ZmCOLD1–10A 互作的关键。综上所述,ZmCOLD1–10A 与 ZmCT2 存在互作,且是 ZmCOLD1–10A 的 HL 与 ZmCT2 的 C 端序列互作,这也与"预测 ZmCT2 含有潜在的受体结合位点和 GTP/Mg^{2+} 结合位点"相符合。

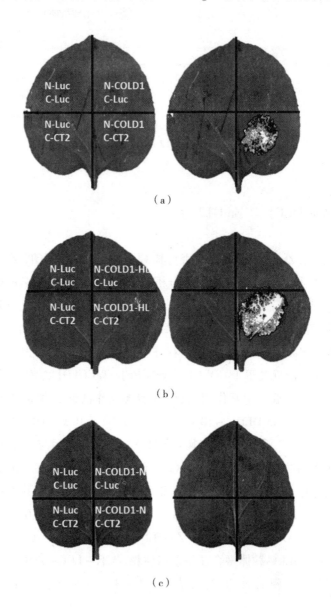

(a)

(b)

(c)

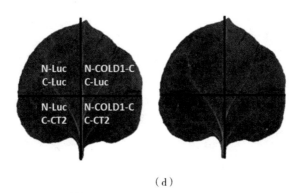

(d)

图3-16　ZmCOLD1-10A的各结构域与ZmCT2互作

注:(a)为ZmCOLD1-10A全长与ZmCT2全长,(b)(c)(d)分别为ZmCT2全长与ZmCOLD1-10A的HL、N端和C端。

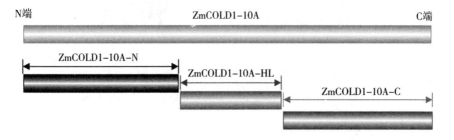

图3-17　ZmCOLD1-10A分段模式图

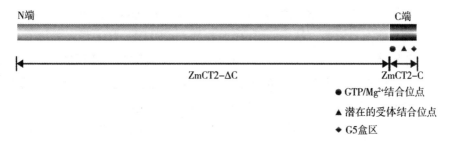

● GTP/Mg^{2+}结合位点
▲ 潜在的受体结合位点
◆ G5盒区

图3-18　ZmCT2分段模式图

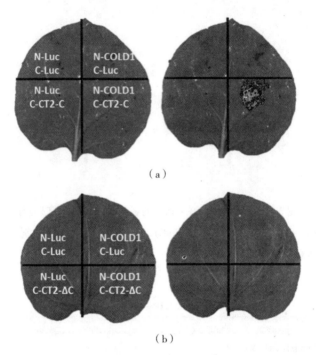

图 3-19　ZmCOLD1-10A 与 ZmCT2 的 C 端区域互作

注：(a)(b) 分别为 ZmCOLD1-10A 全长与 ZmCT2-C、ZmCT2-ΔC C 端。

四、本节小结

作为具有 GTG 的典型跨膜结构域蛋白，明确 ZmCOLD1-10A 的作用位置对解析其功能至关重要。基于此思路，本节对 ZmCOLD1-10A 蛋白进行了亚细胞定位分析，结果表明 ZmCOLD1-10A 蛋白位于细胞膜和内质网膜上，是典型的膜蛋白。已有研究表明 GTG 可能与 G 蛋白或 G 蛋白 α 亚基互作，本节调取了编码玉米 G 蛋白 α 亚基的基因 *ZmCT2*，并对其进行保守结构域分析，结果显示 ZmCT2 蛋白具有 GTP/Mg^{2+} 结合位点和潜在的受体结合位点。基于此结构特征，本节用 BiFC 技术证明 ZmCOLD1-10A 与 ZmCT2 存在互作，且互作的核心位置为 ZmCOLD1-10A 的 HL 与 ZmCT2 的 C 端。此结果可为继续解析 G 蛋白及 GTG 蛋白介导的冷应激信号转导提供基础。

第四章　禾本科作物低温响应蛋白的功能与进化

第四章　禾本科作物低温响应蛋白的功能与进化

本章对禾本科多个作物的 COLD1 蛋白、ICE‐CBF‐COR 级联反应以及 AFP 等参与作物应对低温胁迫的核心因子的结构、功能、进化进行总结与分析，以期为运用基因组编辑技术等基因工程方法改良作物耐冷性提供理论参考。

本章针对禾本科作物的主要耐冷相关基因或蛋白的结构、功能、进化进行总结与分析，结果表明：COLD1 蛋白结构及作用机理保守；ICE 与 CBF 转录因子结构保守，但 COR 蛋白不保守；IRI 蛋白在麦类作物中高度保守，而在全禾本科作物中并不保守。综上所述，COLD1 蛋白是运用基因工程技术定向改善禾本科作物耐冷性的最优靶向蛋白。

第一节　禾本科 COLD1 蛋白的功能与进化

禾本科作物是单子叶植物的重要成员，也是粮食的主要来源，小麦、玉米和水稻是极具代表性的禾本科作物。植物在遭受低温胁迫时积累大量的有益物质，并产生分子、生理等层面的多重应答机制。前三章针对小麦和玉米的低温胁迫相关基因功能进行了详细描述，但缺乏对禾本科各作物相关研究的总结与剖析。本章针对禾本科作物（小麦、玉米和水稻）COLD1 蛋白、ICE‐CBF‐COR 级联反应（ICE、CBF 和 COR）以及 AFP 等参与作物应对低温胁迫的核心因子的结构、功能、进化进行总结与分析，对禾本科作物的耐冷相关基因进行结构功能与进化分析，可为增强农作物应对非生物胁迫的耐受性提供重要的参考。

为进一步探索禾本科作物 COLD1 蛋白的结构与功能，本章对玉米、水稻和小麦的 COLD1 相关研究进行总结、分析。首先，我们对其结构特点进行分析。如前文所述，玉米、水稻和小麦的 COLD1 蛋白序列同源性高，均具有 9 个跨膜结构域、亲水性结构域（HL）、DUF3735 结构域、GTP 水解酶激活结构域和 ATP/GTP 结合结构域。但相较于水稻和小麦 COLD1，ZmCOLD1‐10 的 3 个成员（ZmCOLD1‐10A/B/C）的序列存在差异，其中 ZmCOLD1‐10B 在 60th 氨基酸后缺失一段由 20 个氨基酸组成的序列。结合玉米的基因组特点，我们推测 ZmCOLD1‐10 不同成员的序列差异可能源于不同的可变剪切，但对该推测仍需进一步试验验证。已有研究人员提出，水稻 OsCOLD1 可赋予水稻耐冷性，而小麦 TaCOLD1 是控制小麦株高的重要因子，该结果表明玉米 ZmCOLD1 参与玉米耐冷性获得。虽然不同禾本科 COLD1 蛋白发挥作用的生长发育过程不同，但均是与 G 蛋白 α 亚基互作后行使相应的功能。此外，由图 3-4 和图 3-8 可知，相较于其他植物，禾本科 COLD1 蛋白亲缘关系较近。综上所述，禾本科 COLD1 蛋白结构及作用机理保守，且亲缘关系较近，参与的植物生长发育过程多样。

第二节　禾本科 ICE-CBF-COR 级联反应各成员的功能与进化

COR 蛋白是植物在冷驯化过程中积累的重要抗寒物质，此类蛋白的表达受多种因素调控，如前文所述，COR 蛋白所在的 ICE-CBF-COR 级联反应是植物应对低温胁迫的核心因子。我们搜集了玉米、水稻和小麦的 ICE、CBF、COR 蛋白序列，并以拟南芥相应的序列为外类群，对其进行结构与进化分析。

植物 ICE 转录因子是典型的 bHLH 类转录因子，拟南芥 ICE 转录因子按其功能可分为两类，分别为 ICE1 类和 ICE2 类。我们搜集了 1 个玉米 ICE（ZmICE2）、2 个小麦 ICE（TaICE1 和 TaICE2）、3 个水稻 ICE（Os11g0523700、Os01g0928000 和 Os01g0705700），对这些 ICE 蛋白进行了结构域分析，如图 4-1 所示：所有 ICE 转录因子均具有 bHLH 保守结构域，且高度保守。随后，我们以拟南芥 ICE（AtICE1 和 AtICE2）为外类群构建系统发育树，结果如图 4-2 所示：拟南芥的两个 ICE 单独聚为一类；Os11g0523700 和 TaICE1 聚为一类，且同属于 ICE1 类转录因子；Os01g0928000、Os01g0705700、TaICE2 和 ZmICE2 聚为一类，且同属于 ICE2 类转录因子。由此可知，禾本科不同种属作物的 ICE 转录因子结构与进化保守，且 ICE1 类转录因子和 ICE2 类转录因子各自聚为一类。

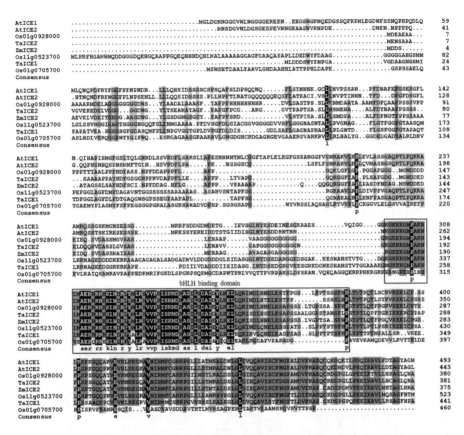

图 4-1 禾本科作物 ICE 氨基酸序列比对

注：实线框内为 bHLH 保守结构域。

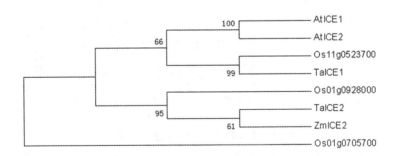

图 4-2 禾本科作物 ICE 蛋白进化关系

注：用 MEGA 7.0 软件构建系统发育树，所用方法为 ML 法，bootstrap 值为 1 000。

CBF/DREB 属于 AP2/ERF 类转录因子家族,相较于 AP2 类转录因子的氨基酸结构,CBF 因子具有特异的 AP2 结构域的侧翼结构,包括 PKRPAGRIKFx-ExRHP 基序和 DSAWR 基序。如图 4-3 所示,所有 CBF 转录因子均具有 AP2 保守结构域,且其侧翼保守。拟南芥 CBF 家族包含 4 个成员,其中 CBF1、CBF2 和 CBF3 与耐冷性相关,而 CBF4 只参与植物应答干旱胁迫。因此,植物 CBF 转录因子可分为 4 类。为探索不同作物 CBF 转录因子的保守性,我们搜集了玉米、水稻和小麦的 CBF 类转录因子,采用 ML 法构建系统发育树,结果如图 4-4 所示,所有的 CBF 蛋白被分为 5 类:Os08g0545400、OsRCBF4、ZmCBF3 聚为一类(CBF3 类);OsCBF3 和 TaCBF6 聚为一类;OsCBF1、TaCBF1 和 TaCBF2 聚为一类;OsCBF1、Os02g0677300 和 OsDREB1E 聚为一类;OsDREB1F、OsDREB2A 和 TaDREB1 聚为一类。

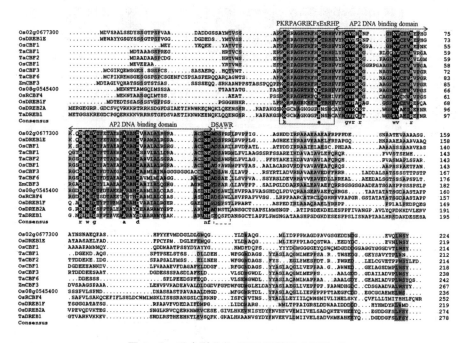

图 4-3 禾本科作物 CBF 氨基酸序列比对

注:实线框内为 PKRPAGRIKFxExRHP 基序;箭头所示区域为 AP2 结构域;虚线框内为 DSAWR 基序。

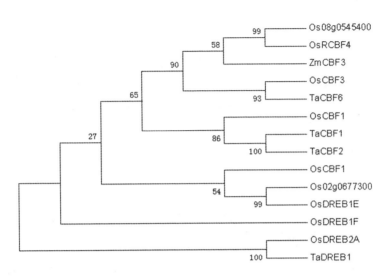

图 4-4 禾本科作物 CBF 蛋白进化关系

注：用 MEGA 7.0 软件构建系统发育树，所用方法为 ML 法，bootstrap 值为 1 000。

COR 蛋白泛指所有冷调节蛋白，包括胚胎晚期丰富蛋白（LEA）、逆境应答蛋白（SRP）、冷诱导蛋白（KIN）、低温诱导蛋白（LTI）等。作为 CBF 转录因子的下游效应基因，*COR* 基因编码的耐冷相关蛋白对植物耐冷起到举足轻重的作用。目前，针对禾本科作物，大量的 COR 蛋白被分离、鉴定，由于 COR 蛋白并非同一类蛋白，因此结构不保守。此外，我们对搜集到的 COR 蛋白进行系统发育分析，结果如图 4-5 所示，禾本科作物 COR 蛋白可分为 4 类：小麦 Wrab17、TaLEA、TaCOR1、TaCOR2 和 WCOR615 聚为一类；OsLEA-like 和 Wrab19 同属第二类；拟南芥 AtCOR66 和 AtCOR15 属于第三类；玉米 ZmCOR413-TM1 单独聚为一类。由此可见，玉米 COR 蛋白与小麦、水稻 COR 蛋白的亲缘关系较远，且相对不保守。

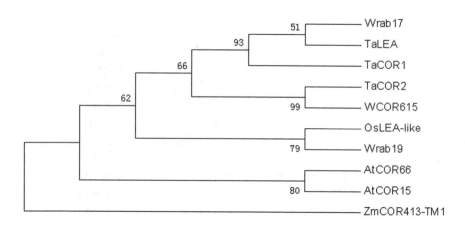

图 4-5 禾本科作物 COR 蛋白进化关系

注:用 MEGA 7.0 软件构建系统发育树,所用方法为 ML 法,bootstrap 值为 1 000。

第三节 禾本科 AFP 的功能与进化

AFP 最先于南极深海鱼中被发现,后被证实广泛存在于多种耐寒生命体中,包括黑麦草和萝卜等植物。植物 AFP 具有 TH 活性和 IRI 活性。依据植物抗冻蛋白的作用机理,AFP 蛋白又被称作重结晶抑制蛋白。我们已从多个小麦族物种中获得 28 个麦类 IRI 基因,其中包括 6 个小麦 IRI 基因。如图 4-6 所示,小麦 IRI 蛋白具有 AFP 的典型保守功能结构域,包括 IRI 区和 LRR 区。其中 IRI 区由若干个保守氨基酸重复区组成,基本单元为 NxVxG 或 NxVxxG。基于此,我们从玉米和水稻数据库中分别寻找 IRI 的同源基因,结果表明,玉米和水稻中与该基因同源性较高的基因只有 LRR 区(玉米:XM_008653707;水稻:NP_001058711)而没有 IRI 区,因此在玉米和水稻中尚没有该基因的同源基因。所以,该蛋白在麦类作物中高度保守,而在全禾本科作物中并不保守。

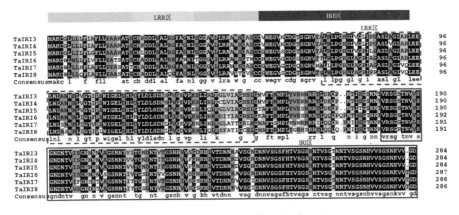

图 4-6　小麦 IRI 氨基酸序列比对

注：虚线框内为 LRR 区；实线框内为 IRI 区。

第四节　禾本科作物低温响应蛋白研究展望

植物耐冷性是典型的数量性状，受多基因调控，是多个效应基因共同作用的结果。禾本科作物是主要的粮食及经济作物，提高其耐冷性至关重要。我们基于先前的研究结果，针对禾本科作物的主要耐冷相关基因或蛋白的结构、功能、进化进行总结、分析，结果表明：新晋明星蛋白 COLD1 对植物耐冷起到关键性作用，且其结构及作用机理保守，但参与的植物生长发育过程多样。经典应答低温通路 ICE-CBF-COR 级联反应的 ICE、CBF 转录因子结构保守，但 COR 蛋白因种类多样而不具有保守性。IRI 蛋白是麦类作物独有的抗冻蛋白，该蛋白在麦类作物中高度保守，而在全禾本科作物中并不保守。综上所述，COLD1 蛋白是运用基因工程技术定向改善作物耐冷性的靶向蛋白，此研究结果为增强重要农作物应对非生物胁迫的耐受性提供了重要参考。

目前，针对禾本科作物的抗寒性研究前景广阔但基础尚薄弱，且大多集中在室内试验研究上，而在实际生产中，禾本科作物经常遭受多变天气，因此在田间试验的基础上开展禾本科作物的抗寒性研究，可更真实地反映禾本科作物在低温胁迫下的应答策略，为我国粮食安全提供理论支撑。

参考文献

参考文献

[1] 白淼,王舰,王芳.低温胁迫下马铃薯组培苗生理变化及抗寒性评定[J].浙江农业科学,2021,62(3):549-552,557.

[2] 蔡国华.玉米促分裂原活化蛋白激酶基因 *ZmMKK1* 的分离及功能分析[D].泰安:山东农业大学,2014.

[3] 曹慧,兰彦平,王孝威,等.果树水分胁迫研究进展[J].果树学报,2001,18(2):110-114.

[4] 陈涛,张华,安黎哲.ICE1-CBF 信号通路在植物抵御低温胁迫和调控发育过程中的作用研究进展[J].西北植物学报,2019,39(8):1513-1520.

[5] 陈禹兴,付连双,王晓楠,等.低温胁迫对冬小麦恢复生长后植株细胞膜透性和丙二醛含量的影响[J].东北农业大学学报,2010,41(10):10-16.

[6] 程嘉惠,张梅丽,王超,等.低温胁迫对4个草莓品种生理指标的影响[J].东北农业科学,2021,46(1):85-88,113.

[7] 崔立操.栽培和野生大麦群体结构及大麦 MAPK 级联途径相关基因家族的鉴定研究[D].咸阳:西北农林科技大学,2018.

[8] 单长卷,杨小丽.土壤干旱对冬小麦幼苗根、叶渗透调节和保护酶活性的影响[J].河南农业科学,2006(8):28-31.

[9] 刁玉霖,朱敏,李凤海,等.不同基因型甜玉米自交系芽期耐冷性鉴定及评价[J].中国种业,2018(12):46-50.

[10] 丁红映,王明,谢洁,等.植物低温胁迫响应及研究方法进展[J].江苏农业科学,2019,47(14):31-36.

[11] 范衡宇,佟超,孙青原.丝裂原活化蛋白激酶(MAPK)信号通路的研究进展[J].动物学杂志,2002,37(5):98-102.

[12] 费云标,舒念红,黄涛,等.植物寒冻损伤与抗性的细胞化学及生物化学[J].生物工程进展,1994,14(3):40-44.

[13] 费云标,孙龙华,黄涛,等.沙冬青高活性抗冻蛋白的发现[J].植物学报,1994,36(8):649-650.

[14] 冯从经,陆剑锋,吕文静,等.抗冻蛋白研究进展[J].江苏农业学报,2007,23(5):481-486.

[15] 高慧.油桃果实冷害及冷害生理机制研究[D].咸阳:西北农林科技大学,2007.

[16] 高媛,田淑琴.抗冻蛋白新近研究进展及面临的挑战[J].兽药导刊,2010(10):45-46.

[17] 郭楠楠.玉米幼苗复合型抗寒剂的研究[D].兰州:西北师范大学,2016.

[18] 何惠琴,干友民,吴彦奇,等.低温胁迫对暖季型草坪草细胞膜系统的影响[J].中国草地,2003,25(3):72-76.

[19] 何维弟.从生物膜和MAPK级联途径解析大蕉和香牙蕉抗寒性差异分子机制的研究[D].武汉:华中农业大学,2018.

[20] 何煜明.低温胁迫对不同生长期水稻的影响及其机理的研究[J].中国农业信息,2016(16):112.

[21] 何跃君,薛立,任向荣,等.低温胁迫对六种苗木生理特性的影响[J].生态学杂志,2008,27(4):524-531.

[22] 江勇,魏令波,费云标,等.分离和鉴定沙冬青抗冻蛋白质[J].植物学报,1999,41(9):967-971.

[23] 姜丽娜,张黛静,林琳,等.低温对小麦幼苗干物质积累及根系分泌物的影响[J].麦类作物学报,2012,32(6):1171-1176.

[24] 姜玉晴.低温胁迫下过氧化氢浸种对花生种子萌发的影响[D].合肥:安徽农业大学,2019.

[25] 金周筠,刘宝林.抗冻蛋白及其应用前景[J].食品研究与开发,2014,35(20):142-146.

[26] 靳文斌,李克文,胥九兵,等.海藻糖的特性、功能及应用[J].精细与专用化学品,2015,23(1):30-33.

[27] 靳晓春,蒋佰福,牛忠林,等.低温发芽检测玉米耐冷性研究[J].现代化农业,2018(12):21-24.

[28] 柯媛媛,陈翔,倪芊芊,等.低温逆境胁迫下小麦ROS代谢及调控机制研究进展[J].大麦与谷类科学,2021,38(1):1-6,21.

[29] 李波,方志坚.耐低温玉米自交系的筛选及其叶片生理特性和细胞结构变化[J].河南农业科学,2018,47(10):31-37.

[30] 李芳,王博,艾秀莲,等.抗冻蛋白研究进展[J].新疆农业科学,2003,40(6):349-352.

[31] 李飞,金黎平.马铃薯耐霜冻研究进展[J].贵州农业科学,2007,35(4):

140-142,145.

[32] 李辉.蛋白激酶 MPK3/MPK6 调控拟南芥响应低温胁迫的分子机制[D]. 北京:中国农业大学,2017.

[33] 李可凡,张蕊.外源水杨酸对玉米幼苗抗低温胁迫能力的影响[J].浙江农业科学,2015,56(6):789-791.

[34] 李璐,王晓军,赵安民.新疆雪莲新的内切几丁质酶类冷诱导基因的分离、克隆和测序[J].植物生理学通讯,2005,41(6):731-736.

[35] 李明.类黄酮调控基因 *AtMYB12* 的异源表达及其对植物抗病性的贡献[D].泰安:山东农业大学,2012.

[36] 李萌.玉米低温响应转录组及相关基因功能分析[D].泰安:山东农业大学,2018.

[37] 李睿,安建平,由春香,等.苹果异三聚体 G 蛋白 α 亚基基因 *MdGPA1* 的克隆及功能鉴定[J].中国农业科学,2017,50(3):537-544.

[38] 李书鑫,徐婷,李慧,等.低温胁迫对玉米幼苗叶绿素荧光诱导动力学的影响[J].土壤与作物,2020,9(3):221-230.

[39] 李霞.黄体酮调控交替氧化酶(AOX)提高甘薯抗冷性的机理研究[D].杭州:浙江农林大学,2019.

[40] 李悦鹏.甜瓜 MAPK 级联途径基因家族的鉴定及 *CmMPKs* 功能分析[D].沈阳:沈阳农业大学,2019.

[41] 李钊.玉米苗期抗冻生理响应及其转录组调控分析[D].哈尔滨:东北农业大学,2017.

[42] 梁群,邓治,雷柯煜,等.拟南芥 *mapkkk15* 突变体的鉴定及非生物胁迫下的功能分析[J].热带作物学报,2021,42(9):2494-2500.

[43] 刘贝贝,陈利娜,牛娟,等.6 个石榴品种抗寒性评价及方法筛选[J].果树学报,2018,35(1):66-73.

[44] 刘次桃,王威,毛毕刚,等.水稻耐低温逆境研究:分子生理机制及育种展望[J].遗传,2018,40(3):171-185.

[45] 刘蕾蕾,纪洪亭,刘兵,等.拔节期和孕穗期低温处理对小麦叶片光合及叶绿素荧光特性的影响[J].中国农业科学,2018,51(23):4434-4448.

[46] 刘璐,刘芸伯,佟佳欣,等.低温胁迫下牛皮杜鹃 MAPK 级联参与 ABA 信号

转导的基因表达分析[J]. 江苏农业科学,2020,48(17):59-65.

[47] 刘志鹏. 小麦分子 RNA TaMIR5062/1139 和激酶基因 *TaMAPKK1/MAPKKK;A* 特征及功能研究[D]. 保定:河北农业大学,2019.

[48] 卢存福,王红,简令成,等. 植物抗冻蛋白研究进展[J]. 生物化学与生物物理进展,1998,25(3):210-216.

[49] 罗军武,唐和平,黄意欢,等. 茶树不同抗寒性品种间保护酶类活性的差异[J]. 湖南农业大学学报(自然科学版),2001,27(2):94-96.

[50] 罗美英. *TaCAD12* 和 *TaPK-R1* 过量表达转基因小麦的分子特性与功能分析[D]. 南宁:广西大学,2016.

[51] 马兰涛,陈双林,李迎春. 低温胁迫对 *Guadua amplexfolia* 抗寒性生理指标的影响[J]. 林业科学研究,2008,21(2):235-238.

[52] 马延华,王庆祥,陈绍江. 玉米耐寒性生理生化机理与分子遗传研究进展[J]. 玉米科学,2013,21(3):76-81,86.

[53] 马英,许琪,谷战英,等. 低温胁迫对五种景天科多肉植物生理指标的影响[J]. 北方园艺,2019(1):97-102.

[54] 莫江楠. MeJA 对低温下油菜幼苗生长及生理的影响[D]. 兰州:西北师范大学,2020.

[55] 欧巧明,叶春雷,李进京,等. 胡麻种质资源成株期抗旱性综合评价及其指标筛选[J]. 干旱区研究,2017,34(5):1083-1092.

[56] 秦玉芝,陈珏,邢铮,等. 低温逆境对马铃薯叶片光合作用的影响[J]. 湖南农业大学学报(自然科学版),2013,39(1):26-30.

[57] 佘露露. 低温诱导绵头雪莲类黄酮合成的分子调控网络研究[D]. 北京:北京林业大学,2019.

[58] 宋礼毓,张兆斌,史作安,等. 干旱对扁桃抗氧化酶活性变化的影响[J]. 落叶果树,2007(2):1-3.

[59] 宋永骏. 多胺在番茄幼苗耐低温胁迫中的调控作用[D]. 沈阳:沈阳农业大学,2014.

[60] 孙方行. 紫荆苗期在盐分、干旱及其交叉胁迫下反应的研究[D]. 泰安:山东农业大学,2006.

[61] 孙敬爽. 引进矮生型针叶树繁殖技术及适应性研究[D]. 北京:北京林业大

学,2007.

[62] 田雪飞.日光温室番茄冻害症状、发生原因及防治措施[J].吉林蔬菜,2010(3):50.

[63] 田云,卢向阳,张海文.抗冻蛋白研究进展[J].中国生物工程杂志,2002,22(6):48-53.

[64] 汪灿,周棱波,张国兵,等.薏苡种质资源成株期抗旱性鉴定及抗旱指标筛选[J].作物学报,2017,43(9):1381-1394.

[65] 汪灿,周棱波,张国兵,等.酒用糯高粱资源成株期抗旱性鉴定及抗旱指标筛选[J].中国农业科学,2017,50(8):1388-1402.

[66] 王翠亭,沈银柱,黄占景.高等植物中的逆激蛋白及交叉适应综述[J].保定师专学报,1999,12(4):32-35.

[67] 王芳,王淇,赵曦阳.低温胁迫下植物的表型及生理响应机制研究进展[J].分子植物育种,2019,17(15):5144-5153.

[68] 王国骄,王嘉宇,苗微,等.强耐冷性水稻新品系 J07-23 抗氧化系统对长期冷水胁迫的响应[J].作物学报,2013,39(4):753-759.

[69] 王海波,邹竹荣,龚明.小桐子低温诱导查耳酮合酶基因的克隆及其表达分析[J].热带亚热带植物学报,2015,23(4):370-378.

[70] 王华,王飞,陈登文,等.低温胁迫对杏花 SOD 活性和膜脂过氧化的影响[J].果树科学,2000,17(3):197-201.

[71] 王冕,张朝昕,陈娜,等.花生 *AhMKK4* 基因的克隆、表达分析和亚细胞定位研究[J].核农学报,2019,33(12):2328-2337.

[72] 王南,周慧娟,吕常厚,等.苹果 *MdMAPKKK1* 基因瞬时表达诱导本生烟叶片坏死[J].青岛农业大学学报(自然科学版),2020,37(1):7-14.

[73] 王乾.喷施外源物质对薄皮甜瓜苗期低温胁迫的缓解作用研究[D].沈阳:沈阳农业大学,2020.

[74] 王瑞芳,胡银松,高文蕊.植物 NAC 转录因子家族在抗逆响应中的功能[J].植物生理学报,2014(10):1494-1500.

[75] 王书裕.农作物冷害的研究[M].北京:气象出版社,1995.

[76] 王文霞,陈丽明,王海霞,等.淹水缓解直播早籼稻苗期低温冷害的生理特性研究[J].中国水稻科学,2021,35(2):166-176.

[77] 王雅楠.乙烯和抗氰呼吸参与水杨酸增强李果实采后抗冷能力机制的研究[D].呼和浩特:内蒙古农业大学,2020.

[78] 魏海霞.皂角苗期对盐、旱及其交叉胁迫反应的研究[D].泰安:山东农业大学,2006.

[79] 魏令波,江勇,舒念红,等.沙冬青叶片热稳定抗冻蛋白特性分析[J].植物学报,1999,41(8):837-841.

[80] 魏颖颖,王凤龙,钱玉梅,等.活性氧及其清除酶类与烟草抗病性的关系研究进展[J].烟草科技,2004(5):40-43.

[81] 乌凤章,王贺新,徐国辉,等.木本植物低温胁迫生理及分子机制研究进展[J].林业科学,2015,51(7):116-128.

[82] 吴飞,朱生秀,向江湖,等.低温胁迫对俄罗斯大果沙棘抗寒生理指标的影响[J].安徽农业科学,2017,45(10):13-15.

[83] 吴帼秀,李胜利,李阳,等.H_2S 和 NO 及其互作对低温胁迫下黄瓜幼苗光合作用的影响[J].植物生理学报,2020,56(10):2221-2232.

[84] 吴青霞.春季低温胁迫下小麦生理生化反应及抗寒基因的差异表达[D].咸阳:西北农林科技大学,2013.

[85] 武杭菊.小麦幼苗对干旱、低温逆境交叉适应的反应机制[D].咸阳:西北农林科技大学,2007.

[86] 徐良伟,吴小祝,贾明良,等.MAPK级联及其在植物抗病防卫反应中的研究进展[J].激光生物学报,2019,28(6):488-495.

[87] 许好标,李黎贝,张驰,等.雷蒙德氏棉 MAPKKK 基因家族全基因组筛选及其同源基因在陆地棉中表达分析[J].棉花学报,2019,31(6):459-473.

[88] 许英,陈建华,朱爱国,等.低温胁迫下植物响应机理的研究进展[J].中国麻业科学,2015,37(1):40-49.

[89] 许瑛,陈发棣.菊花8个品种的低温半致死温度及其抗寒适应性[J].园艺学报,2008,35(4):559-564.

[90] 杨德光,孙玉珺,伊凡,等.低温胁迫对玉米发芽及幼苗生理特性的影响[J].东北农业大学学报,2018,49(5):1-8.

[91] 杨莲,高欢,吴凤芝.24-表油菜素内酯对亚低温胁迫下番茄幼苗生长与钾积累的影响[J].中国蔬菜,2021(1):48-55.

[92] 杨宁宁,孙万仓,刘自刚,等.北方冬油菜抗寒性的形态与生理机制[J].中国农业科学,2014,47(3):452-461.

[93] 姚利晓,何永睿,邹修平,等.柑橘基因工程育种研究策略及其进展[J].果树学报,2013,30(6):1056-1064.

[94] 于振群,孙明高,魏海霞,等.盐旱交叉胁迫对皂角幼苗保护酶活性的影响[J].中南林业科技大学学报,2007,27(3):29-32,48.

[95] 张党权,谭晓风,乌云塔娜,等.植物抗冻蛋白及其高级结构研究进展[J].中南林学院学报,2005,25(4):110-114.

[96] 张红梅,金海军,卜立君,等.黄瓜高代自交系对低温弱光的生理响应及其抗性评价[J].分子植物育种,2021,19(10):3415-3423.

[97] 张建国.玉米萌发至出苗期耐低温性全基因组关联分析及候选基因挖掘[D].哈尔滨:东北农业大学,2020.

[98] 张陇艳,程功敏,魏恒玲,等.陆地棉种子萌发期对低温胁迫的响应及耐冷性鉴定[J].中国农业科学,2021,54(1):19-33.

[99] 张敏,蔡瑞国,贾秀领,等.小麦抗寒机制的研究进展[J].东北农业科学,2016,41(4):37-42.

[100] 张盛楠.孕穗期冷水胁迫对寒地粳稻抗逆生理及产量形成的影响[D].哈尔滨:东北农业大学,2020.

[101] 张文静,刘亮,黄正来,等.低温胁迫对稻茬小麦根系抗氧化酶活性及内源激素含量的影响[J].麦类作物学报,2016,36(4):501-506.

[102] 张晓聪,周羽,张林,等.玉米自交系芽期耐冷性鉴定[J].作物杂志,2016(2):21-26.

[103] 张雪峰.低温对玉米萌发期种子抗冷性的影响[J].园艺与种苗,2014(3):23-25,29.

[104] 张燕飞.玉米抗冷相关基因 *ZmMAPKKK* 的功能分析和遗传转化[D].长春:吉林大学,2016.

[105] 张烨.低温胁迫下稀土铈和水杨酸对玉米幼苗生理特性的影响[D].哈尔滨:东北农业大学,2020.

[106] 赵训超.低温胁迫下玉米幼苗根系生理及膜脂代谢分析[D].大庆:黑龙江八一农垦大学,2020.

[107] 郑一萱. MAPK 级联途径调控玉米对非生物胁迫的抗氧化防御响应[D]. 泰安:山东农业大学,2009.

[108] 周鹤. 冷敏型橄榄果实成熟度与抗冷性的关系及其机理研究[D]. 福州:福建农林大学,2015.

[109] 周秒依,任雯,赵冰兵,等. 植物 MAPK 级联途径应答的非生物胁迫研究进展[J]. 中国农业科技导报,2010,22(2):22-29.

[110] 朱宇斌,孔莹莹,王君晖. 植物生长素响应基因 *SAUR* 的研究进展[J]. 生命科学,2014,26(4):407-413.

[111] AGRAWAL G K, RAKWAL R, IWAHASHI H. Isolation of novel rice (*Oryza sativa* L.) multiple stress responsive MAP kinase gene, *OsMSRMK2*, whose mRNA accumulates rapidly in response to environmental cues [J]. Biochemical and biophysical research communications, 2002, 294(5):1009-1016.

[112] ALCÁZAR R, ALTABELLA T, MARCO F, et al. Polyamines: molecules with regulatory functions in plant abiotic stress tolerance [J]. Planta, 2010, 231(6):1237-1249.

[113] ALCÁZAR R, CUEVAS J C, PLANAS J, et al. Integration of polyamines in the cold acclimation response[J]. Plant science, 2011, 180(1):31-38.

[114] ALELIŪNAS A, JONAVIČIENĖ K, STATKEVIČIŪTĖ G, et al. Association of single nucleotide polymorphisms in *LpIRI1* gene with freezing tolerance traits in perennial ryegrass[J]. Euphytica, 2015, 204(3):523-534.

[115] ALVAREZ S, CHOUDHURY S R, SIVAGNANAM K, et al. Quantitative proteomics analysis of camelina sativa seeds overexpressing the *AGG3* gene to identify the proteomic basis of increased yield and stress tolerance[J]. Journal of proteome research, 2015, 14(6):2606-2616.

[116] ANANTHARAMAN V, ABHIMAN S, DE SOUZA R F, et al. Comparative genomics uncovers novel structural and functional features of the heterotrimeric GTPase signaling system[J]. Gene, 2011, 475(2):63-78.

[117] ANNA B K, PIOTR P, ANNA S G, et al. Chilling-induced physiological, anatomical and biochemical responses in the leaves of Miscanthus × giganteus

and maize (*Zea mays* L.) [J]. Journal of plant physiology, 2018, 228: 178 – 188.

[118] APEL K, HIRT H. Reactive oxygen species: metabolism, oxidative stress, and signal transduction [J]. Annual review of plant biology, 2004, 55(1): 373 – 399.

[119] ASADA K. The water – water cycle in chloroplasts: scavenging of active oxygens and dissipation of excess photons [J]. Annual review of plant physiology and plant molecular biology, 1999, 50(1): 601 – 639.

[120] ASAI T, TENA G, PLOTNIKOVA J, et al. MAP kinase signalling cascade in *Arabidopsis* innate immunity [J]. Nature, 2002, 415: 977 – 983.

[121] ASSMANN S M. Heterotrimeric and unconventional GTP binding proteins in plant cell signaling [J]. The plant cell, 2002, 14(1): 355 – 373.

[122] AZIZ A, MARTIN – TANGUY J, LARHER F. Stress – induced changes in polyamine and tyramine levels can regulate proline accumulation in tomato leaf discs treated with sodium chloride [J]. Physiologia plantarum, 1998, 104(2): 195 – 202.

[123] BADAWI M, DANYLUK J, BOUCHO B, et L. The *CBF* gene family in hexaploid wheat and its relationship to the phylogenetic complexity of cereal *CBFs* [J]. Molecular genetics and genomics, 2007, 277(5): 533 – 554.

[124] BADAWI M, REDDY Y V, AGHARBAOUI Z, et al. Structure and functional analysis of wheat *ICE* (inducer of CBF expression) genes [J]. Plant & cell physiology, 2008, 49(8): 1237 – 1249.

[125] BAHLER B D, STEFFEN K L, ORZOLEK M D. Morphological and biochemical comparison of a purple – leafed and a green – leafed pepper cultivar [J]. HortScience, 1991, 26(6): 736.

[126] BAI B, WU J, SHENG W T, et al. Comparative analysis of anther transcriptome profiles of two different rice male sterile lines genotypes under cold stress [J]. International journal of molecular sciences, 2015, 16(5): 11398 – 11416.

[127] BAJWA V S, SHUKLA M R, SHERIF S M, et al. Role of melatonin in alleviating cold stress in *Arabidopsis thaliana* [J]. Journal of pineal research,

2014,56(3):238-245.

[128] BALL L, ACCOTTO G P, BECHTOLD U, et al. Evidence for a direct link between glutathione biosynthesis and stress defense gene expression in *Arabidopsis*[J]. The plant cell,2004,16(9):2448-2462.

[129] BARGMANN B O R, LAXALT A M, RIET B T, et al. Reassessing the role of phospholipase D in the *Arabidopsis* wounding response [J]. Plant, cell & environment,2009,32(7):837-850.

[130] BARRERO-GIL J, SALINAS J. CBFs at the crossroads of plant hormone signaling in cold stress response [J]. Molecular plant, 2017, 10(4): 542-544.

[131] BAUDRY A, CABOCHE M, LEPINIEC L. TT8 controls its own expression in a feedback regulation involving TTG1 and homologous MYB and bHLH factors, allowing a strong and cell-specific accumulation of flavonoids in *Arabidopsis thaliana*[J]. The plant journal,2006,46(5):768-779.

[132] BERBERICH T, SANO H, KUSANO T, et al. Involvement of a MAP kinase, ZmMPK5, in senescence and recovery from low-temperature stress in maize [J]. Molecular & general genetics,1999,262(3):534-542.

[133] BERGMANN D C, LUKOWITZ W, SOMERVILLE C R, et al. Stomatal development and pattern controlled by a MAPKK kinase[J]. Science,2004, 304(5676):1494-1497.

[134] BISHT N C, JEZ J M, PANDEY S. An elaborate heterotrimeric G-protein family from soybean expands the diversity of plant G-protein networks[J]. New phytologist,2011,190(1):35-48.

[135] BLOOM A J, ZWIENIECKI M A, PASSIOURA J B, et al. Water relations under root chilling in a sensitive and tolerant tomato species[J]. Plant, cell & environment,2004,27(8):971-979.

[136] BOLT S, ZUTHER E, ZINTL S, et al. ERF105 is a transcription factor gene of *Arabidopsis thaliana* required for freezing tolerance and cold acclimation[J]. Plant, cell & environment,2017,40(1):108-120.

[137] BOMMERT P, JE B I, GOLDSHMIDT A, et al. The maize Gα gene *COMPACT*

PLANT2 functions in CLAVATA signalling to control shoot meristem size[J]. Nature,2013,502(7472):555-558.

[138] VAN BREUSEGEM F,VRANOVÁ E,DAT J F,et al. The role of active oxygen species in plant signal transduction [J]. Plant science, 2001, 161 (3): 405-414.

[139] CAI G H,WANG G D,WANG L,et al. *ZmMKK1*,a novel group A mitogen-activated protein kinase kinase gene in maize, conferred chilling stress tolerance and was involved in pathogen defense in transgenic tobacco[J]. Plant science,2014,214(1):57-73.

[140] CAO H S,WANG L,NAWAZ M A,et al. Ectopic expression of pumpkin NAC transcription factor CmNAC1 improves multiple abiotic stress tolerance in *Arabidopsis*[J]. Frontiers in plant science,2017,8:2052.

[141] CELIK Y, GRAHAM L A, MOK Y F, et al. Superheating of ice crystals in antifreeze protein solutions [J]. Proceedings of the National Academy of Sciences of the United States of America,2010,107(12):5423-5428.

[142] CHAKRABARTI N,MUKHERJI S. Alleviation of NaCl stress by pretreatment with phytohormones in *Vigna radiata*[J]. Biologia plantarum,2003,46(4): 589-594.

[143] CHAKRAVORTY D,TRUSOV Y,ZHANG W,et al. An atypical heterotrimeric G-protein γ-subunit is involved in guard cell K^+-channel regulation and morphological development in *Arabidopsis thaliana* [J]. The plant journal, 2011,67(5):840-851.

[144] CHALKER-SCOTT L. Environmental significance of anthocyanins in plant stress responses[J]. Photochemistry and photobiology,1999,70(1):1-9.

[145] CHAO Q,ROTHENBERG M,SOLANO R,et al. Activation of the ethylene gas response pathway in *Arabidopsis* by the nuclear protein ETHYLENE-INSENSITIVE3 and related proteins[J]. Cell,1997,89(7):1133-1144.

[146] CHEN J G,WILLARD F S,HUANG J,et al. A seven-transmembrane RGS protein that modulates plant cell proliferation[J]. Science,2003,301(5640): 1728-1731.

[147] CHEN L J, GUO H M, LIN Y, et al. Chalcone synthase EaCHS1 from *Eupatorium adenophorum* functions in salt stress tolerance in tobacco[J]. Plant cell reports,2015,34(5):885-894.

[148] CHEN X X,DING Y L,YANG Y Q,et al. Protein kinases in plant responses to drought,salt,and cold stress[J]. Journal of integrative plant biology,2021, 63(1):53-78.

[149] CHINNUSAMY V. ICE1: a regulator of cold-induced transcriptome and freezing tolerance in *Arabidopsis*[J]. Genes & development,2003,17(8): 1043-1054.

[150] CHINNUSAMY V, ZHU J H, ZHU J K. Cold stress regulation of gene expression in plants[J]. Trends in plant science,2007,12(10):444-451.

[151] CHRISTELLE D, GARMIER M, NOCTOR G, et al. Leaf mitochondria modulate whole cell redox homeostasis,set antioxidant capacity,and determine stress resistance through altered signaling and diurnal regulation[J]. The plant cell,2003,15(4):1212-1226.

[152] DUTILLEUL C,GARMIER M,NOCTOR G,et al. Leaf mito chondria modulate whole cell redox homeostasis, set antioxidant capacity, and determine stress resistance through altered signaling and diurnal regulation[J]. The plant cell, 2003,15(5):1212-1226.

[153] CHUN J U, YU X M, GRIFFITH M. Genetic studies of antifreeze proteins and their correlation with winter survival in wheat[J]. Euphytica,1998,102(2): 219-226.

[154] COOK D, FOWLER S, FIEHN O, et al. A prominent role for the CBF cold response pathway in configuring the low-temperature metabolome of *Arabidopsis*[J]. Proceedings of the National Academy of Sciences of the United States of America,2004,101(42):15243-15248.

[155] COROMINAS R, YANG X P, LIN G N, et al. Protein interaction network of alternatively spliced isoforms from brain links genetic risk factors for autism [J]. Nature communications,2014(5):3650.

[156] CRIFÒ T, PUGLISI I, PETRONE G, et al. Expression analysis in response to

low temperature stress in blood oranges: implication of the flavonoid biosynthetic pathway[J]. Gene, 2011, 476(1):1-9.

[157] CUTLER S R, RODRIGUEZ P L, FINKELSTEIN R R, et al. Abscisic acid: emergence of a core signaling network[J]. Annual review of plant biology, 2010, 61(1):651-679.

[158] BOSCO C D, BUSCONI M, GOVONI C, et al. *Cor* gene expression in barley mutants affected in chloroplast development and photosynthetic electron transport[J]. Plant physiology, 2003, 131(2):793-802.

[159] DANESHMAND F, ARVIN M J, KALANTARI K M. Physiological responses to NaCl stress in three wild species of potato in vitro[J]. Acta physiologiae plantarum, 2010, 32(1):91-101.

[160] DE MICHELE R, VURRO E, RIGO C, et al. Nitric oxide is involved in cadmium-induced programmed cell death in *Arabidopsis* suspension cultures [J]. Plant physiology, 2009, 150(1):217-228.

[161] DELGADO-CEREZO M, SÁNCHEZ-RODRÍGUEZ C, ESCUDERO V, et al. *Arabidopsis* heterotrimeric G-protein regulates cell wall defense and resistance to necrotrophic fungi[J]. Molecular plant, 2012, 5(1):98-114.

[162] DENG L Q, YU H Q, LIU Y P, et al. Heterologous expression of antifreeze protein gene *AnAFP* from *Ammopiptanthus nanus* enhances cold tolerance in *Escherichia coli* and tobacco[J]. Gene, 2014, 539(1):132-140.

[163] DEVINAR G, LLANES A, MASCIARELLI O, et al. Different relative humidity conditions combined with chloride and sulfate salinity treatments modify abscisic acid and salicylic acid levels in the halophyte *Prosopis strombulifera* [J]. Plant growth regulation, 2013, 70(3):247-256.

[164] DEVOTO A, TURNER J G. Regulation of jasmonate-mediated plant responses in *Arabidopsis*[J]. Annals of botany, 2003, 92(3):329-337.

[165] DE VRIES A L, KOMATSU S K, FEENEY R E. Chemical and physical properties of freezing point-depressing glycoproteins from Antarctic fishes [J]. Journal of biological chemistry, 1970, 245(11):2901-2908.

[166] DE VRIES A L. Freezing resistance in fishes[J]. Fish physiology, 1971, 6

(3):157-190.

[167] DE VRIES A L. Glycoproteins as biological antifreeze agents in antarctic fishes [J]. Science,1971,172(3988):1152-1155.

[168] DI FENZA M, HOGG B, GRANT J, et al. Transcriptomic response of maize primary roots to low temperatures at seedling emergence[J]. Peer journal, 2017(1):1-17.

[169] DING X L, ZHANG H, CHEN H Y, et al. Extraction, purification and identification of antifreeze proteins from cold acclimated malting barley (*Hordeum vulgare* L.)[J]. Food chemistry,2015,175:74-81.

[170] DING Y L, LI H, ZHANG X Y, et al. OST1 kinase modulates freezing tolerance by enhancing ICE1 stability in *Arabidopsis*[J]. Developmental cell, 2015,32(3):278-289.

[171] DIXON R A, PAIVA N. Stressed-induced phenylpropanoid metabolism[J]. The plant cell,1995,7(7):1085-1097.

[172] DONG H X, YAN S L, LIU J, et al. TaCOLD1 defines a new regulator of plant height in bread wheat [J]. Plant biotechnology journal, 2019, 17(3): 687-699.

[173] DOUCET C J, BYASS L, ELIAS L, et al. Distribution and characterization of recrystallization inhibitor activity in plant and lichen species from the UK and maritime Antarctic[J]. Cryobiology,2000,40(3):218-227.

[174] DUBOUZET J G, SAKUMA Y, ITO Y, et al. *OsDREB* genes in rice,*Oryza sativa* L.,encode transcription activators that function in drought-, high-salt- and cold-responsive gene expression[J]. Plant journal,2003,33(4):751-763.

[175] DUMAN J G, OLSEN T M. Thermal hysteresis protein activity in bacteria, fungi, and phylogenetically diverse plants [J]. Cryobiology, 1993, 30(3): 322-328.

[176] ELLIS J, DODDS P, PRYOR T. The generation of plant disease resistance gene specificities[J]. Trends in plant science,2000,5(9):373-379.

[177] CARDINALE F, MESKIENE I, OUAKED F, et al. Convergence and divergence of stress-induced mitogen-activated protein kinase signaling

pathways at the level of two distinct mitogen – activated protein kinase kinases [J]. The plant cell,2002,14(3):703 – 711.

[178] FAN Y, LIU B, WANG H, et al. Cloning of an antifreeze protein gene from carrot and its influence on cold tolerance in transgenic tobacco plants[J]. Plant cell reports,2002,21(4):296 – 301.

[179] FANG Y J, LIAO K F, DU H, et al. A stress – responsive NAC transcription factor SNAC3 confers heat and drought tolerance through modulation of reactive oxygen species in rice[J]. Journal of experimental botany,2015,66(21):6803 – 6817.

[180] FOWLER S, THOMASHOW M F. *Arabidopsis* transcriptome profiling indicates that multiple regulatory pathways are activated during cold acclimation in addition to the CBF cold response pathway[J]. The plant cell,2002,14(8):1675 – 1690.

[181] FOYER C H, NOCTOR G. Redox homeostasis and antioxidant signaling: a metabolic interface between stress perception and physiological responses[J]. The plant cell,2005,17(7):1866 – 1875.

[182] FRANKLIN K A, WHITELAM G C. Light – quality regulation of freezing tolerance in *Arabidopsis thaliana* [J]. Nature genetics, 2007, 39 (11):1410 – 1413.

[183] FRYE C A, TANG D Z, INNES R W, et al. Negative regulation of defense responses in plants by a conserved MAPKK kinase[J]. Proceedings of the National Academy of Science of the United States of America,2001,98(1):373 – 378.

[184] FU S F, CHOU W C, HUANG D D, et al. Transcriptional regulation of a rice mitogen – activated protein kinase gene, *OsMAPK4*, in response to environmental stresses[J]. Plant & cell physiology,2002,43(8):958 – 963.

[185] FUJISAWA Y, KATO T, OHKI S, et al. Suppression of the heterotrimeric G protein causes abnormal morphology, including dwarfism, in rice [J]. Proceedings of the National Academy of Sciences of the United States of America,1999,96(13):7575 – 7580.

[186] GAO Y J, ZENG Q N, GUO J J, et al. Genetic characterization reveals no role for the reported ABA receptor, GCR2, in ABA control of seed germination and early seedling development in *Arabidopsis*[J]. The plant journal: for cell and molecular biology, 2007, 52(6):1001-1013.

[187] GARRATT L C, JANAGOUDAR B S, LOWE K C, et al. Salinity tolerance and antioxidant status in cotton cultures[J]. Free radical biology and medicine, 2002, 33(4):502-511.

[188] GILMOUR S J, ZARKA D G, STOCKINGER E J, et al. Low temperature regulation of the *Arabidopsis* CBF family of AP2 transcriptional activators as an early step in cold-induced *COR* gene expression[J]. Plant journal, 1998, 16(4):433-442.

[189] GOMEZOSUNA A, CALATRAVA V, GALVAN A, et al. Identification of the MAPK cascade and its relationship with nitrogen metabolism in the green alga chlamydomonasreinhardtii[J]. International journal of molecular sciences, 2020, 21(10):3417.

[190] SONG F M, GOODMAN R M. *OsBIMK1*, a rice MAP kinase gene involved in disease resistance responses[J]. Planta, 2002, 215(6):997-1005.

[191] GREEN R, FLUHR R. UV-B-induced PR-1 accumulation is mediated by active oxygen species[J]. The plant cell, 1995, 7(2):203-212.

[192] GRIFFITH M, ALA P, YANG D S C, et al. Antifreeze protein produced endogenously in winter rye leaves[J]. Plant physiology, 1992, 100(2):593-596.

[193] GRIFFITH M, YAISH M W F. Antifreeze proteins in overwintering plants: a tale of two activities[J]. Trends in plant science, 2004, 9(8):399-405.

[194] GROPPA M D, TOMARO M L, BENAVIDES M P. Polyamines as protectors against cadmium or copper-induced oxidative damage in sunflower leaf discs[J]. Plant science, 2001, 161(3):481-488.

[195] GUPTA R, DESWAL R. Low temperature stress modulated secretome analysis and purification of antifreeze protein from *Hippophae rhamnoides*, a Himalayan wonder plant[J]. Journal of proteome research, 2012, 11(5):2684-2696.

[196] GUPTA V, ROY A, TRIPATHY B C. Signaling events leading to red – light – induced suppression of photomorphogenesis in wheat(*Triticum aestivum*)[J]. Plant & cell physiology, 2010, 51(10):1788 – 1799.

[197] GUY C L. Cold acclimation and freezing stress tolerance: role of protein metabolism[J]. Annual review of plant physiology and plant molecular biology, 1990, 41(1):187 – 223.

[198] PRASAD M N V, HAGEMEYER J. Heavy metal stress in plants[M]. Berlin: Springer, 1999.

[199] HAWES T C, MARSHALL C J, WHARTON D A. Antifreeze proteins in the Antarctic springtail, *Gressittacantha Terranova*[J]. Journal of comparative physiology b, 2011, 181(6):713 – 719.

[200] HAWRYLAK B, MATRASZEK R, SZYMAŃSKA M. Response of lettuce(*Lactuca sativa* L.) to selenium in nutrient solution contaminated with nickel[J]. Vegetable crops research bulletin, 2007, 67(1):63 – 70.

[201] HODGES D M, ANDREWS C J, JOHNSON D A, et al. Antioxidant enzyme and compound responses to chilling stress and their combining abilities in differentially sensitive maize hybrids[J]. Crop science, 1997, 37(3): 857 – 863.

[202] HODGES D M, CHAREST C, HAMILTON R I. A chilling resistance test for inbred maize lines[J]. Canadian journal of plant science, 1994, 74(4): 687 – 691.

[203] HON W C, GRIFFITH M, CHONG P, et al. Extraction and isolation of antifreeze proteins from winter rye(*Secale cereale* L.) leaves[J]. Plant physiology, 1994, 104(3):971 – 980.

[204] HON W C, GRIFFITH M, MLYNARZ A, et al. Antifreeze proteins in winter rye are similar to pathogenesis – related proteins[J]. Plant physiology, 1995, 109(3):879 – 889.

[205] HONG Y Y, PAN X Q, WELTI R, et al. Phospholipase Dalpha3 is involved in the hyperosmotic response in *Arabidopsis*[J]. The plant cell, 2008, 20(3): 803 – 816.

[206] HOQUE M M, HAQUE M S. Effects of GA3 and its mode of application on morphology and yield parameters of mungbean (*Vigna radiate* L.) [J]. Pakistan journal of biological sciences, 2002, 5(3):281-283.

[207] HOSHINO T, KIRIAKI M, NAKAJIMA T. Novel thermal hysteresis proteins from low temperature basidiomycete, *Coprinus psychromorbidus* [J]. Cryo letters, 2003, 24(3):135-142.

[208] HUMMEL I, AMRANI A E, GOUESBET G, et al. Involvement of polyamines in the interacting effects of low temperature and mineral supply on *Pringlea antiscorbutica* (Kerguelen cabbage) seedlings [J]. Journal of experimental botany, 2004, 55(399):1125-1134.

[209] ICHIMURA K, SHINOZAKI K, TENA G, et al. Mitogen-activated protein kinase cascades in plants: a new nomenclature [J]. Trends in plant science, 2002, 7(7):301-308.

[210] ILLINGWORTH C J R, PARKES K E, SNELL C R, et al. Criteria for confirming sequence periodicity identified by Fourier transform analysis: application to GCR2, a candidate plant GPCR? [J]. Biophysical chemistry, 2008, 133(1):28-35.

[211] JAFFÉ F W, FRESCHET G E C, VALDES B M, et al. G protein-coupled receptor-type G proteins are required for light-dependent seedling growth and fertility in *Arabidopsis* [J]. The plant cell, 2012, 24(9):3649-3668.

[212] JAGLO K R, KLEFF S, AMUNDSEN K L, et al. Components of the *Arabidopsis* C-repeat/dehydration-responsive element binding factor cold response pathway are conserved in *Brassica napus* and other plant species [J]. Plant physiology, 2001, 127(3):910-917.

[213] JAMMES F, SONG C, SHIN D, et al. MAP kinases MPK9 and MPK12 are preferentially expressed in guard cells and positively regulate ROS-mediated ABA signaling [J]. Proceedings of the National Academy of Sciences of the United States of America, 2009, 106(48):20520-20525.

[214] JANECH M G, KRELL A, MOCK T, et al. Ice-binding proteins from sea ice diatoms (*Bacillariophyceae*) [J]. Journal of phycology, 2006, 42(2):

410-416.

[215] JIANG F L, WANG F, WU Z, et al. Components of the *Arabidopsis* CBF cold-response pathway are conserved in non-heading Chinese cabbage[J]. Plant molecular biology reporter, 2011, 29(3): 525-532.

[216] JIANG M, WEN F, CAO J M, et al. Genome-wide exploration of the molecular evolution and regulatory network of mitogen activated protein kinase cascades upon multiple stresses in *Brachypodium distachyon*[J]. BMC genomics, 2015, 16(1): 228.

[217] JIN Y N, BAI L P, GUAN S X, et al. Identification of an ice recrystallisation inhibition gene family in winter-hardy wheat and its evolutionary relationship to other members of the *Triticeae*[J]. Journal of agronomy and crop science, 2018, 204(4): 400-413.

[218] JIN Y N, CUI Z H, MA K, et al. Characterization of ZmCOLD1, novel GPCR-Type G Protein genes involved in cold stress from *Zea mays* L. and the evolution analysis with those from other species[J]. Physiology and molecular and biology of plants, 2021, 27(3): 619-632.

[219] JIN Y N, ZHAI S S, WANG W J, et al. Identification of genes from the ICE-CBF-COR pathway under cold stress in *Aegilops-Triticum* composite group and the evolution analysis with those from *Triticeae*[J]. Physiology and molecular biology of plants, 2018, 24(2): 211-229.

[220] JOHN U P, POLOTNIANKA R M, SIVAKUMARAN K A, et al. Ice recrystallization inhibition proteins (IRIPs) and freeze tolerance in the cryophilic Antarctic hair grass *Deschampsia antarctica* E. Desv[J]. Plant, cell & environment, 2009, 32(4): 336-348.

[221] JOHNSTON C A, TAYLOR J P, GAO Y J, et al. GTPase acceleration as the rate-limiting step in *Arabidopsis* G protein-coupled sugar signaling[J]. Proceedings of the National Academy of Sciences of the United States of America, 2007, 104(44): 17317-17322.

[222] JOO J H, WANG S Y, CHEN J G, et al. Different signaling and cell death roles of heterotrimeric G protein alpha and beta subunits in the *Arabidopsis* oxidative

stress response to ozone[J]. The plant cell,2005,17(3):957 - 970.

[223] PIHAKASKI - MAUNSBACH K, MOFFATT B, TESTILLANO P, et al. Genes encoding chitinase - antifreeze proteins are regulated by cold and expressed by all cell types in winter rye shoots[J]. Physiologia plantarum,2011,112(3): 359 - 371.

[224] KALAPOS B, NOVÁK A, DOBREV P, et al. Effect of the winter wheat Cheyenne 5A substituted chromosome on dynamics of abscisic acid and cytokinins in freezing - sensitive Chinese Spring genetic background [J]. Frontiers in plant science,2017,8:2033.

[225] KASUGA M, LIU Q, MIURA S, et al. Improving plant drought, salt, and freezing tolerance by gene transfer of a single stress - inducible transcription factor[J]. Nature biotechnology,1999,17(3):287 - 291.

[226] KHARENKO O A, CHOUDHARY P, LOEWEN M C. Abscisic acid binds to recombinant *Arabidopsis thaliana* G - protein coupled receptor - type G - protein 1 in *Sacaromycese cerevisiae* and in vitro [J]. Plant physiology and biochemistry,2013,68:32 - 36.

[227] KIEBER J J, ROTHENBERG M, ROMAN G, et al. CTR1, a negative regulator of the ethylene response pathway in *Arabidopsis*, encodes a member of the raf family of protein kinases[J]. Cell,1993,72(3):427 - 441.

[228] KIM T W, MICHNIEWICZ M, BERGMANN D C, et al. Brassinosteroid regulates stomatal development by GSK3 - mediated inhibition of a MAPK pathway[J]. Nature,2012,482(7385):419 - 422.

[229] KNAUSS S, ROHRMEIER T, LEHLE L. The auxin - induced maize gene *ZmSAUR2* encodes a short - lived nuclear protein expressed in elongating tissues [J]. The journal of biological chemistry, 2003, 278 (26): 23936 - 23943.

[230] KNIGHT C A, DUMAN J G. Inhibition of the recrystallization of ice by insect thermal hysteresis proteins: a possible cryoprotective role [J]. Cryobiology, 1986,23(3):256 - 262.

[231] MEYER K, KEIL M, NALDRETT M J. A leucine - rich repeat protein of carrot

that exhibits antifreeze activity[J]. FEBS letters,1999,447(2):171-178.

[232] KOH H Y,LEE J H,HAN S J, et al. Effect of the antifreeze protein from the arctic yeast *Leucosporidium* sp. AY30 on cryopreservation of the marine diatom *Phaeodactylum tricornutum* [J]. Applied biochemistry and biotechnology, 2015,175(2):677-686.

[233] KONG F L,WANG J,CHENG L,et al. Genome-wide analysis of the mitogen-activated protein kinase gene family in *Solanum lycopersicum*[J]. Gene,2012, 499(1):108-120.

[234] KONTOGIORGOS V, REGAND A, YADA R Y, et al. Isolation and characterization of ice structuring proteins from cold-acclimated winter wheat grass extract for recrystallization inhibition in frozen foods[J]. Journal of food biochemistry,2007,31(2):139-160.

[235] KOSOVÁ K, VÍTÁMVÁS P, PRÁŠILOVÁ P, et al. Accumulation of WCS120 and DHN5 proteins in differently frost-tolerant wheat and barley cultivars grown under a broad temperature scale[J]. Biologia plantarum,2013,57(1): 105-112.

[236] KOVTUN Y,CHIU W L,TENA G,et al. Functional analysis of oxidative stress-activated mitogen-activated protein kinase cascade in plants[J]. Proceedings of the National Academy of Science of the United States of America,2000,97 (6):2940-2945.

[237] KRUPA Z,BARANOWSKA M,ORZOL D. Can anthocyanins be considered as heavy metal stress indicator in higher plants? [J]. Acta physiologiae plantarum,1996,18(2):147-151.

[238] KRYSAN P J,JESTER P J,GOTTWALD J R,et al. An *Arabidopsis* mitogen-activated protein kinase kinase kinase gene family encodes essential positive regulators of cytokinesis[J]. The plant cell,2002,14(5):1109-1120.

[239] KUIPER M J,DAVIES P L,WALKER V K. A theoretical model of a plant antifreeze protein from *Lolium perenne*[J]. Biophysical journal,2001,81(6): 3560-3565.

[240] LEE J S,WANG S C,SRITUBTIM S, et al. *Arabidopsis* mitogen-activated

protein kinase MPK12 interacts with the MAPK phosphatase IBR5 and regulates auxin signaling[J]. The plant journal,2009,57(6):975-985.

[241] LEE S,HIRT H,LEE Y,et al. Phosphatidic acid activates a wound-activated MAPK in *Glycine max*[J]. The plant journal,2001,26(5):479-486.

[242] LI H, DING Y L, SHI Y T, et al. MPK3- and MPK6-mediated ICE1 phosphorylation negatively regulates ICE1 stability and freezing tolerance in *Arabidopsis*[J]. Developmental cell,2017,43(5):630-642.

[243] LI H,YE K Y,SHI Y T,et al. BZR1 positively regulates freezing tolerance via CBF-dependent and CBF-independent pathways in *Arabidopsis*[J]. Molecular plant,2017,10(4):545-559.

[244] LIAO P, CHEN Q F, CHYE M L. Transgenic *Arabidopsis* flowers overexpressing Acyl-CoA-Binding Protein ACBP6 are freezing tolerant[J]. Plant & cell physiology,2014,55(6):1055-1071.

[245] LIU Q,KASUGA M,SAKUMA Y,et al. Two transcription factors,DREB1 and DREB2,with an EREBP/AP2 DNA binding domain separate two cellular signal transduction pathways in drought- and low-temperature-responsive gene expression,respectively,in *Arabidopsis*[J]. The plant cell,1998,10(8):1391-1406.

[246] LIU X M,NGUYEN X C,KIM K E,et al. Phosphorylation of the zinc finger transcriptional regulator ZAT6 by MPK6 regulates *Arabidopsis* seed germination under salt and osmotic stress [J]. Biochemical and biophysical research communications,2013,430(3):1054-1059.

[247] LOMBARDO M C,GRAZIANO M,POLACCO J C,et al. Nitric oxide functions as a positive regulator of root hair development [J]. Plant signaling & behavior,2006,1(1):28-33.

[248] LU X,YANG L,YU M Y,et al. A novel *Zea mays* ssp. *mexicana* L. MYC-type ICE-like transcription factor gene *ZmmICE1*, enhances freezing tolerance in transgenic *Arabidopsis thaliana* [J]. Plant physiology and biochemistry,2017,113:78-88.

[249] MA H, YANOFSKY M F, MEYEROWITZ E M. Molecular cloning and

characterization of *GPA1*, a G protein alpha subunit gene from *Arabidopsis thaliana*[J]. *Proceedings of the National Academy of Sciences of the United States of America*,1990,87(10):3821-3825.

[250] MA Y,DAI X Y,XU Y Y,et al. COLD1 confers chilling tolerance in rice[J]. Cell,2015,160(6):1209-1221.

[251] MARSCHNER H. Mineral nutrition of higher plants[M]. London: Academic press,1995.

[252] MASON M G, BOTELLA J R. Completing the heterotrimer: isolation and characterization of an *Arabidopsis thaliana* G protein gamma-subunit cDNA [J]. Proceedings of the National Academy of Sciences of the United States of America,2000,97(26):14784-14788.

[253] MASON M G,BOTELLA J R. Isolation of a novel G-protein gamma-subunit from *Arabidopsis thaliana* and its interaction with Gbeta[J]. Biochimica et biophysica acta,2001,1520(2):147-153.

[254] MATSUOKA D,NANMORI T,SATO K I,et al. 2002. Activation of AtMEK1, an *Arabidopsis* mitogen-activated protein kinase kinase,in vitro and in vivo: analysis of active mutants expressed in *E. coli* and generation of the active form in stress response in seedlings [J]. The plant journal, 2002, 29 (5): 637-647.

[255] MENG X,WANG H,LIU Y,et al. A MAPK cascade downstream of ERECTA receptor-like protein kinase regulates *Arabidopsis* inflorescence architecture by promoting localized cell proliferation[J]. The plant cell,2012,24(12): 4948-4960.

[256] MERCHANT S S,PROCHNIK S E,VALLON O,et al. The *Chlamydomonas* genome reveals the evolution of key animal and plant functions[J]. Science, 2007,318(5848):245-250.

[257] MEYER K,KEIL M,NALDRETT M J. A leucine-rich repeat protein of carrot that exhibits antifreeze activity[J]. FEBS letters,1999,447(2):171-178.

[258] MIDDLETON A J, BROWN A M, DAVIES P L, et al. Identification of the ice-binding face of a plant antifreeze protein[J]. FEBS letters,2009,583

(4):815-819.

[259] MIDDLETON A J, MARSHALL C B, FAUCHER F, et al. Antifreeze protein from freeze-tolerant grass has a beta-roll fold with an irregularly structured ice-binding site[J]. Journal of molecular biology,2012,416(5):713-724.

[260] MIURA K, FURUMOTO T. Cold signaling and cold response in plants[J]. International journal of molecular sciences,2013,14(3):5312-5337.

[261] MIURA K, JIN J B, LEE J, et al. SIZ1-mediated sumoylation of ICE1 controls *CBF3/DREB1A* expression and freezing tolerance in *Arabidopsis*[J]. The plant cell,2007,19(4):1403-1414.

[262] MIURA K, OKAMOTO H, OKUMA E, et al. SIZ1 deficiency causes reduced stomatal aperture and enhanced drought tolerance via controlling salicylic acid-induced accumulation of reactive oxygen species in *Arabidopsis*[J]. The plant journal,2013,73(1):91-104.

[263] MIZOGUCHI T, GOTOH Y, NISHIDA E, et al. Characterization of two cDNAs that encode MAP kinase homologues in *Arabidopsis thaliana* and analysis of the possible role of auxin in activating such kinase activities in cultured cells[J]. The plant journal,1994,5(1):111-122.

[264] MIZUKAMI H, KONOSHIMA M, TABATA M. Effect of nutritional factors on shikonin derivative formation in *Lithospermum* callus cultures[J]. Phytochemistry,1997,16(8):1183-1186.

[265] MONSHAUSEN G B, MESSERLI M A, GILROY S, et al. Imaging of the Yellow Cameleon 3.6 indicator reveals that elevations in cytosolic Ca^{2+} follow oscillating increases in growth in root hairs of *Arabidopsis*[J]. Plant physiology,2008,147(4):1690-1698.

[266] MOTES C M, PECHTER P, YOO C M, et al. Differential effects of two phospholipase D inhibitors,1-butanol and N-acylethanolamine, on in vivo cytoskeletal organization and *Arabidopsis* seedling growth[J]. Protoplasma,2005,226(3):109-123.

[267] MOVAHEDI S, TABATABAEI B E S, ALIZADE H, et al. Constitutive expression of *Arabidopsis DREB1B* in transgenic potato enhances drought and

freezing tolerance[J]. Biologia plantarum,2012,56(1):37-42.

[268] MUNNIK T, MEIJER H J G, et al. Osmotic stress activates distinct lipid and MAPK signalling pathways in plants [J]. FEBS letters, 2001, 498(2): 172-178.

[269] MUTHUKUMARASAMY M, GUPTA S D, PANNEERSELVAM R. Enhancement of peroxidase, polyphenol oxidase and superoxide dismutase activities by triadimefon in NaCl stressed *Raphanus sativus* L. [J]. Biologia plantarum,2000,43(2):317-320.

[270] MUTLU F, BOZCUK S. Salinity - induced changes of free and bound polyamine levels in sunflower(*Helianthus annuus* L.) roots differing in salt tolerance[J]. Pakistan journal of botany,2007,39(4):1097-1102.

[271] NA Y J, CHOI H K, PARK M Y, et al. *OsMAPKKK63* is involved in salt stress response and seed dormancy control[J]. Plant signaling & behavior,2019,14(3):1-6.

[272] NAKAGAMI H, PITZSCHKE A, HIRT H, et al. Emerging MAP kinase pathways in plant stress signalling[J]. Trends in plant science,2005,10(7):339-346.

[273] NARUSAKA Y, NAKASHIMA K, SHINWARI Z K, et al. Interaction between two *cis* - acting elements, ABRE and DRE, in ABA - dependent expression of *Arabidopsis rd29A* gene in response to dehydration and high - salinity stresses [J]. Plant journal,2003,34(2):137-148.

[274] NAVARRO J M, FLORES P, GARRIDO C, et al. Changes in the contents of antioxidant compounds in pepper fruits at different ripening stages, as affected by salinity[J]. Food chemistry,2006,96(1):66-73.

[275] VAN EPS N, PREININGER A M, ALEXANDER N, et al. Interaction of a G protein with an activated receptor opens the interdomain interface in the alpha subunit[J]. Proceedings of the National Academy of Sciences of the United States of America,2011,108(23):9420-9424.

[276] NEILL S J, DESIKAN R, HANCOCK J T. Hydrogen peroxide signaling[J]. Current opinion in plant biology,2002,5(5):388-395.

[277] NESI N, JOND C, DEBEAUJON I, et al. The *Arabidopsis TT2* gene encodes an R2R3 MYB domain protein that acts as a key determinant for proanthocyanidin accumulation in developing seed[J]. The plant cell, 2001, 13(9): 2099-2114.

[278] NIE W F, WANG M M, XIA X J, et al. Silencing of tomato RBOH1 and MPK2 abolishes brassinosteroid-induced H_2O_2 generation and stress tolerance[J]. Plant, cell & environment, 2012, 36(4): 789-803.

[279] NITTA Y, QIU Y C, YAGHMAIEAN H, et al. MEKK2 inhibits activation of MAP kinases in *Arabidopsis*[J]. The plant journal, 2020, 103(2): 705-714.

[280] NORDIN K, VAHALA T, PALVA E T. Differential expression of two related, low-temperature-induced genes in *Arabidopsis thaliana* (L.) Heynh[J]. Plant molecular biology, 1993, 21(4): 641-653.

[281] NOVILLO F, ALONSO J M, ECKER J R, et al. *CBF2/DREB1C* is a negative regulator of *CBF1/DREB1B* and *CBF3/DREB1A* expression and plays a central role in stress tolerance in *Arabidopsis*[J]. Proceedings of the National Academy of Sciences of the United States of America, 2004, 101(11): 3985-3990.

[282] OFFERMANNS S. G-proteins as transducers in transmembrane signalling[J]. Progress in biophysics and molecular biology, 2003, 83(2): 101-130.

[283] OHLSSON A B, BERGLUND T. Effects of high $MnSO_4$ levels on cardenolide accumulation by *Digitalis lanata* tissue cultures in light and darkness[J]. Journal of plant physiology, 1989, 135(4): 505-507.

[284] OPDENAKKER K, REMANS T, VANGRONSVELD J, et al. Mitogen-activated protein (MAP) kinases in plant metal stress: regulation and responses in comparison to other biotic and abiotic stresses[J]. International journal of molecular sciences, 2012, 13(6): 7828-7853.

[285] PANDEY S, ASSMANN S M. The *Arabidopsis* putative G protein-coupled receptor GCR1 interacts with the G protein α subunit GPA1 and regulates abscisic acid signaling[J]. The plant cell, 2004, 16(6): 1616-1632.

[286] PANDEY S, CHEN J G, JONES A M, et al. G-protein complex mutants are

hypersensitive to abscisic acid regulation of germination and postgermination development[J]. Plant physiology,2006,141(1):243-256.

[287] PANDEY S, NELSON D C, ASSMANN S M. Two novel GPCR - type G proteins are abscisic acid receptors in *Arabidopsis*[J]. Cell,2009,136(1): 136-148.

[288] PANDEY S, VIJAYAKUMAR A. Emerging themes in heterotrimeric G - protein signaling in plants[J]. Plant science,2018,270(1):292-300.

[289] PANDEY S. More(G - proteins) please! Identification of an elaborate network of G - proteins in soybean[J]. Plant signaling & behavior,2011,6(6): 780-782.

[290] PEDRAZANI H, RACAGNI G, ALEMANO S, et al. Salt tolerant tomato plants show increased levels of jasmonic acid[J]. Plant growth regulation,2003,41 (2):149-158.

[291] PENG P H, LIN C H, TSAI H W, et al. Cold response in *Phalaenopsis aphrodite* and characterization of *PaCBF1* and *PaICE1* [J]. Plant & cell physiology,2014,55(9):1623-1635.

[292] PENG Y C, CHEN L L, LI S J, et al. BRI1 and BAK1 interact with G proteins and regulate sugar - responsive growth and development in *Arabidopsis*[J]. Nature communications,2018,9(1):1522.

[293] PERFUS - BARBEOCH L, JONES A M, ASSMANN S M. Plant heterotrimeric G protein function: insights from *Arabidopsis* and rice mutants[J]. Current opinion in plant biology,2004,7(6):719-731.

[294] PETRUSA L M, WINICOV I. Proline status in salt - tolerant and salt - sensitive alfalfa cell lines and plants in response to NaCl[J]. Plant physiology and biochemistry,1997,35(4):303-310.

[295] PITTA - ALVAREZ S I, SPOLLANSKY T C, GIULLIETTI A M. The influence of different biotic and abiotic elicitors on the production and profile of tropane alkaloids in hairy root cultures of *Brugmansia candida* [J]. Enzyme and microbial technology,2000,26(2):252-258.

[296] PUDNEY P D A, BUCKLEY S L, SIDEBOTTOM C M, et al. The physico -

chemical characterization of a boiling stable antifreeze protein from a perennial grass (*Lolium perenne*) [J]. Archives of biochemistry and biophysics, 2003, 410(2):238-245.

[297] QI M S, ELION E A. MAP kinase pathways[J]. Journal of cell science, 2005, 118(16):3569-3572.

[298] QIN F, SHINOZAKI K, YAMAGUCHI - SHINOZAKI K. Achievements and challenges in understanding plant abiotic stress responses and tolerance[J]. Plant & cell physiology, 2011, 52(9):1569-1582.

[299] AKULA R, GOKARE R. Influence of abiotic stress signals on secondary metabolites in plants [J]. Plant signaling & behavior, 2011, 6 (11): 1720-1731.

[300] RAO K P, RICHA T, KUMAR K, et al. In silico analysis reveals 75 members of mitogen - activated protein kinase kinase kinase gene family in rice[J]. DNA research, 2010, 17(3):139-153.

[301] GUPTA R, DESWAL R. Antifreeze proteins enable plants to survive in freezing conditions[J]. Journal of biosciences, 2014, 39(5):931-944.

[302] RAYMOND J A, FRITSEN C, SHEN K. An ice - binding protein from an Antarctic sea ice bacterium[J]. FEMS microbiology ecology, 2007, 61 (2): 214-221.

[303] RISK J M, DAY C L, MACKNIGHT R C. Reevaluation of abscisic acid - binding assays shows that G - protein - coupled receptor2 does not bind abscisic acid[J]. Plant physiology, 2009, 150(1):6-11.

[304] ROSENBAUM D M, RASMUSSEN S G F, KOBILKA B K. The structure and function of G - protein - coupled receptors [J]. Nature, 2009, 459 (7245): 356-363.

[305] ROSS E M. Coordinating speed and amplitude in G - protein signaling[J]. Current biology, 2008, 18(17):777-783.

[306] CHOUDHURY S R, RIESSELMAN A J, PANDEY S. Constitutive or seed - specific overexpression of *Arabidopsis* G - protein γ subunit 3 (*AGG3*) results in increased seed and oil production and improved stress tolerance in

Camelina sativa[J]. Plant biotechnolog journal,2014,12(1):49-59.

[307] SABALA I, EGERTSDOTTER U, VON FIRCKS H, et al. Abscisic acid-induced secretion of an antifreeze-like protein in embryogenic cell lines of *Picea abies*[J]. Journal of plant physiology,1996,149(1):163-170.

[308] SAIDI Y, FINKA A, MURISET M, et al. The heat shock response in moss plants is regulated by specific calcium-permeable channels in the plasma membrane[J]. The plant cell,2009,21(9):2829-2843.

[309] SANDVE S R, RUDI H, ASP T, et al. Tracking the evolution of a cold stress associated gene family in cold tolerant grasses[J]. BMC evolutionary biology,2008,8(1):245.

[310] SARMA R K, RAJAMANI K, SRINIVASAN B, et al. Carrot antifreeze protein enhances chilling tolerance in transgenic tomato[J]. Acta physiologiae plantarum,2014,36:21-27.

[311] SEKHON R S, LIN H, CHILDS K L, et al. Genome-wide atlas of transcription during maize development[J]. The plant journal,2011,66(4):553-563.

[312] SHABALA S, NEWMAN I. Salinity effects on the activity of plasma membrane H^+ and Ca^{2+} transporters in bean leaf mesophyll:masking role of the cell wall [J]. Annals of botany,2000,85(5):681-686.

[313] SHARMA N, CRAM D, HUEBERT T, et al. Exploiting the wild crucifer *Thlaspi arvense* to identify conserved and novel genes expressed during a plant's response to cold stress[J]. Plant molecular biology,2007,63(2):171-184.

[314] SHEN W Y, NADA K, TACHIBANA S. Effect of cold treatment on enzymic and nonenzymic antioxidant activities in leaves of chilling-tolerant and chilling-sensitive cucumber(*Cucumis sativus* L.)cultivars[J]. Journal of the Japannese society for horticultur sciences,1999,68(5):967-973.

[315] SHI H T, CHAN Z L. The cysteine2/histidine2-type transcription factor zinc finger of arabidopsis thaliana 6-activated c-repeat-binding factor pathway is essential for melatonin-mediated freezing stress resistance in *Arabidopsis* [J]. Journal of pineal research,2014,57(2):185-191.

[316] SHI H T, QIAN Y Q, TAN D X, et al. Melatonin induces the transcripts of *CBF/DREB1s* and their involvement in both abiotic and biotic stresses in *Arabidopsis*[J]. Journal of pineal research,2015,59(3):334-342.

[317] SHI Y T, TIAN S W, HOU L Y, et al. Ethylene signaling negatively regulates freezing tolerance by repressing expression of *CBF* and type-A *ARR* genes in *Arabidopsis*[J]. The plant cell,2012,24(6):2578-2595.

[318] SHI Y H, HUANG J Y, SUN T S, et al. The precise regulation of different *COR* genes by individual CBF transcription factors in *Arabidopsis thaliana*[J]. Journal of integrative plant biology,2017,59(2):118-133.

[319] SHU K, ZHOU W G, CHEN F, et al. Abscisic acid and gibberellins antagonistically mediate plant development and abiotic stress responses[J]. Frontiers in plant science,2018,9:416.

[320] SIDEBOTTOM C, BUCKLEY S, PUDNEY P, et al. Heat-stable antifreeze protein from grass[J]. Nature,2000,406(6793):256.

[321] SIDEROVSKI D P, WILLARD F S. The GAPs, GEFs, and GDIs of heterotrimeric G-protein alpha subunits[J]. International journal of biological sciences,2005,1(2):51-66.

[322] SILVERSTONE A L, CIAMPAGLIO C N, SUN T. The *Arabidopsis RGA* gene encodes a transcriptional regulator repressing the gibberellin signal transduction pathway[J]. The plant cell,1998,10(2):155-169.

[323] SANDVE S R, RUDI H, ASP T, et al. Tracking the evolution of a cold stress associated gene family in cold tolerant grasses[J]. BMC evolutionary biology,2008,8:245.

[324] SIMPSON D J, SMALLWOOD M, TWIGG S. Purification and characterisation of an antifreeze protein from *Forsythia suspensa*(L.)[J]. Cryobiology,2005,51(2):230-234.

[325] SINGH S, SINHA S. Accumulation of metals and its effects in *Brassica juncea* (L.)Czern.(cv. Rohini)grown on various amendments of tannery waste[J]. Ecotoxicology and environmental safety,2005,62(1):118-127.

[326] SMÉKALOVÁ V, DOSKOČILOVÁ A, KOMIS G, et al. Crosstalk between

secondary messengers, hormones and MAPK modules during abiotic stress signalling in plants[J]. Biotechnology advances,2014,32(1):2-11.

[327] SMERTENKO A P,CHANG H Y,SONOBE S,et al. Control of the AtMAP65-1 interaction with microtubules through the cell cycle[J]. Journal of cell science,2006,119(15):3227-3237.

[328] SODERLUND C,DESCOUR A,KUDRNA D,et al. Sequencing,mapping,and analysis of 27,455 maize full-length cDNAs[J]. PLoS genetics,2009,5(11):1-13.

[329] STAGLJAR I,KOROSTENSKY C,JOHNSSON N,et al. A genetic system based on split-ubiquitin for the analysis of interactions between membrane proteins in vivo[J]. Proceedings of the National Academy of Sciences of the United States of America,1998,95(9):5187-5192.

[330] STATECZNY D,OPPENHEIMER J,BOMMERT P. G protein signaling in plants:minus times minus equals plus[J]. Current opinion in plant biology,2016,34:127-135.

[331] STELPFLUG S C,SEKHON R S,VAILLANCOURT B,et al. An expanded maize gene expression atlas based on RNA sequencing and its use to explore root development[J]. Plant genome,2016,9(1):1-16.

[332] STEPONKUS P L. Role of the plasma membrane in freezing injury and cold acclimation[J]. Annual review of plant physiology,1984,35:543-584.

[333] STEWART A,FISHER R A. Introduction:G protein-coupled receptors and RGS proteins[J]. Progress in molecular biology and translational science,2015,133:1-11.

[334] STOCKINGER E J,GILMOUR S J,THOMASHOW M F. *Arabidopsis thaliana CBF1* encodes an AP2 domain-containing transcriptional activator that binds to the C-repeat/DRE,a *cis*-acting DNA regulatory element that stimulates transcription in response to low temperature and water deficit[J]. Proceedings of the National Academy of Sciences of the United States of America,1997,94(3):1035-1040.

[335] STONE J M,WALKER J C. Plant protein kinase families and signal

transduction[J]. Plant physiology,1995,108(2):451 -457.

[336] SUN C Q, CHEN F D, TENG N J, et al. Factors affecting seed set in the crosses between *Dendranthema grandiflorum* (Ramat.) Kitamura and its wild species[J]. Euphytica,2010,171(2):181 -192.

[337] SUN H Y, QIAN Q, WU K, et al. Heterotrimeric G proteins regulate nitrogen - use efficiency in rice[J]. Nature genetics,2014,46(6):652 -656.

[338] SUN M H, XU Y, HUANG J G, et al. Global identification, classification, and expression analysis of MAPKKK genes:functional characterization of MdRaf5 reveals evolution and drought - responsive profile in apple [J]. Scientific reports,2017,7(1):13511.

[339] TAKAHASHI F, YOSHIDA R, ICHIMURA K, et al. The mitogen - activated protein kinase cascade MKK3 - MPK6 is an important part of the jasmonate signal transduction pathway in *Arabidopsis*[J]. The plant cell,2007,19(3): 805 -818.

[340] TATSUMI Y, MURATA T. Relation between chilling sensitivity of cucurbitaceae fruits and the membrane permeability [J]. Journal of the Japanese society for horticultural science,1981,50(1):108 -113.

[341] TEMPLE B R S, JONES A M. The plant heterotrimeric G - protein complex [J]. Annual review of plant biology,2007,58:249 -266.

[342] THEOCHARIS A, CLÉMENT C, BARKA E A. Physiological and molecular changes in plants grown at low temperatures [J]. Planta, 2012, 235 (6): 1091 -1105.

[343] RUDRAPPA T, NEELWARNE B, ASWATHANARAYANA R G. In situ and ex situ adsorption and recovery of betalains from hairy root cultures of *Beta vulgaris*[J]. Biotechnology progress,2004,20(3):777 -785.

[344] THOMASHOW M F. Plant cold acclimation:freezing tolerance genes and regulatory mechanisms [J]. Annual review of plant physiology and plant molecular biology,1999,50:571 -599.

[345] TREJO - TAPIA G, JIMENEZ - APARICIO A, RODRIGUEZ - MONROY M, et al. Influence of cobalt and other microelements on the production of

betalains and the growth of suspension cultures of *Beta vulgaris*[J]. Plant cell,tissue and organ culture,2001,67(1):19-23.

[346] TREMBLAY K,OUELLET F,FOURNIER J,et al. Molecular characterization and origin of novel bipartite cold-regulated ice recrystallization inhibition proteins from cereals[J]. Plant & cell physiology,2005,46(6):884-891.

[347] TSUDA K, TSVETANOV S, TAKUMI S, et al. New members of a cold-responsive group-3 Lea/Rab-related *Cor* gene family from common wheat (*Triticum aestivum* L.)[J]. Genes & genetic systems, 2000, 75(4): 179-188.

[348] ULLAH H,CHEN J G,TEMPLE B,et al. The b-subunit of the *Arabidopsis* G protein negatively regulates auxin-induced cell division and affects multiple developmental processes[J]. The plant cell,2003,15(2):393-409.

[349] ULM R,ICHIMURA K,MIZOGUCHI T,et al. Distinct regulation of salinity and genotoxic stress responses by *Arabidopsis* MAP kinase phosphatase 1[J]. The EMBO journal,2002,21(23):6483-6493.

[350] URANO D, JACKSON D, JONES A M. A G protein alpha null mutation confers prolificacy potential in maize[J]. Journal of experimental botany, 2015,66(15):4511-4515.

[351] URANO D, JONES A M. Heterotrimeric G protein-coupled signaling in plants[J]. Annual review of plant biology,2014,65(1):365-384.

[352] URANO D, MARUTA N, TRUSOV Y, et al. Saltational evolution of the heterotrimeric G protein signaling mechanisms in the plant kingdom[J]. Science signaling,2016,9(446):93.

[353] USADEL B,BLÄSING O E,GIBON Y,et al. Multilevel genomic analysis of the response of transcripts, enzyme activities and metabolites in *Arabidopsis* rosettes to a progressive decrease of temperature in the non-freezing range [J]. Plant,cell & environment,2008,31(4):518-547.

[354] UTSUNOMIYA Y,SAMEJIMA C,TAKAYANAGI Y,et al. Suppression of the rice heterotrimeric G protein beta-subunit gene,*RGB1*,causes dwarfism and browning of internodes and lamina joint regions[J]. The plant journal,2011,

67(5):907-916.

[355] VENKETESH S, DAYANANDA C. Properties, potentials, and prospects of antifreeze proteins [J]. Critical reviews in biotechnology, 2008, 28 (1): 57-82.

[356] VOGEL J T, ZARKA D G, VAN BUSKIRK H A, et al. Roles of the CBF2 and ZAT12 transcription factors in configuring the low temperature transcriptome of *Arabidopsis*[J]. The plant journal, 2005, 41(2):195-211.

[357] VOM ENDT D, KIJNE J W, MEMEKNK J. Transcription factors controlling plant secondary metabolism: what regulates the regulators? [J]. Phytochemistry, 2002, 61(2):107-114.

[358] VRANOVÁ E, INZÉ D, VAN BREUSEGEM F. Signal transduction during oxidative stress [J]. Journal of experimental botany, 2002, 53 (372): 1227-1236.

[359] WANG G, LOVATO A, POLVERARI A, et al. Genome-wide identification and analysis of mitogen activated protein kinase gene family in grapevine(*Vitis vinifera*)[J]. BMC plant biology, 2014, 14(1):219.

[360] WANG J, PAN C T, WANG Y, et al. Genome-wide identification of *MAPK*, *MAPKK*, and *MAPKKK* gene families and transcriptional profiling analysis during development and stress response in cucumber[J]. BMC genomics, 2015, 16(1):386.

[361] WANG J S, ZHANG Q, CUI F, et al. Genome-wide analysis of gene expression provides new insights into cold responses in *Thellungiella salsuginea*[J]. Frontiers in plant science, 2017, 8(8):713.

[362] WANG L Z, HU W, TIE W W, et al. The *MAPKKK* and *MAPKK* gene families in banana: identification, phylogeny and expression during development, ripening and abiotic stress[J]. Scientific reports, 2017, 7(1):1159.

[363] WANG L H, GAO J H, QIN X B, et al. *JcCBF2* gene from *Jatropha curcas* improves freezing tolerance of *Arabidopsis thaliana* during the early stage of stress[J]. Molecular biology reports, 2015, 42(5):937-945.

[364] WANG W, JIANG W, LIU J G, et al. Genome-wide characterization of the

aldehyde dehydrogenase gene superfamily in soybean and its potential role in drought stress response[J]. BMC genomics,2017,18(1):518.

[365] WANG X Q, ULLAH H, JONES A M, et al. G protein regulation of ion channels and abscisic acid signaling in *Arabidopsis* guard cells[J]. Science, 2001,292(5524):2070-2072.

[366] WANG Y,JIANG C J,LI Y Y,et al. CsICE1 and CsCBF1:two transcription factors involved in cold responses in *Camellia sinensis*[J]. Plant cell reports, 2012,31(1):27-34.

[367] WANG Z B, TRIEZENBERG S J, THOMASHOW M F, et al. Multiple hydrophobic motifs in *Arabidopsis CBF1* COOH-terminus provide functional redundancy in *trans*-activation[J]. Plant molecular biology,2005,58(4): 543-559.

[368] WEI C J, LIU X Q, LONG D P, et al. Molecular cloning and expression analysis of mulberry *MAPK* gene family [J]. Plant physiology and biochemistry,2014,77:108-116.

[369] WEISS C A,GARNAAT C W,MUKAI K,et al. Isolation of cDNAs encoding guanine nucleotide-binding protein beta-subunit homologues from maize (ZGB1) and *Arabidopsis*(AGB1)[J]. Proceedings of the National Academy of Sciences of the United States of America,1994,91(20):9554-9558.

[370] WEN J Q,OONO K,IMAI R. Two novel mitogen-activated protein signaling components, OsMEK1 and OsMAP1, are involved in a moderate low-temperature signaling pathway in rice[J]. Plant physiology,2002,129(4): 1880-1891.

[371] WILSON C, ANGLMAYER R, VICENTE O, et al. Molecular cloning, functional expression in *Escherichia coli*, and characterization of multiple mitogen-activated-protein kinases from tobacco[J]. European journal of biochemistry,1995,233(1):249-257.

[372] WILSON C,ELLER N,GARTNER A,et al. Isolation and characterization of a tobacco cDNA clone encoding a putative MAP kinase[J]. Plant molecular biology,1993,23(3):543-551.

[373] WINTER D, VINEGAR B, NAHAL H, et al. An "electronic fluorescent pictograph" browser for exploring and analyzing large-scale biological data sets[J]. PloS one,2007,2(8):718.

[374] WISNIEWSKI M, NASSUTH A, TEULIÈRES C, et al. Genomics of cold hardiness in woody plants[J]. Critical reviews in plant sciences,2014,33(2):92-124.

[375] WITT S, GALICIA L, LISEC J, et al. Metabolic and phenotypic responses of greenhouse-grown maize hybrids to experimentally controlled drought stress[J]. Moleculer plant,2012,5(2):401-417.

[376] WU Q Y, REGAN M, FURUKAWA H, et al. Role of heterotrimeric Gα proteins in maize development and enhancement of agronomic traits[J]. PloS genetics,2018,14(4):1-19.

[377] WU T, KONG X P, ZONG X J, et al. Expression analysis of five maize MAP kinase genes in response to various abiotic stresses and signal molecules[J]. Molecular biology reports,2011,38(6):3967-3975.

[378] XING Y, JIA W S, ZHANG J H. AtMKK1 mediates ABA-induced CAT1 expression and H_2O_2 production via AtMPK6-coupled signaling in *Arabidopsis*[J]. The plant journal,2008,54(3):440-451.

[379] XIONG Y W, FEI S Z. Functional and phylogenetic analysis of a *DREB/CBF-like* gene in perennial ryegrass(*Lolium perenne* L.)[J]. Planta,2006,224(4):878-888.

[380] XU W R, JIAO Y T, LI R M, et al. Chinese wild-growing *Vitis amurensis ICE1* and *ICE2* encode MYC-type bHLH transcription activators that regulate cold tolerance in *Arabidopsis*[J]. PLoS one,2014,9(7):1-12.

[381] YANG D S C, SAX M, CHAKRABARTTY A, et al. Crystal structure of an antifreeze polypeptide and its mechanistic implications[J]. Nature,1988,333(6170):232-237.

[382] YE Y, LI Z, XING D, et al. Nitric oxide promotes MPK6-mediated caspase-3-like activation in cadmium-induced *Arabidopsis thaliana* programmed cell death[J]. Plant,cell & environment,2012,36(1):1-15.

[383] YEH Y, FEENEY R E. Antifreeze proteins: structures and mechanisms of function[J]. Chemical reviews,1996,96(2):601-618.

[384] YIN Z J,ZHU W D,ZHANG X P,et al. Molecular characterization,expression and interaction of *MAPK*,*MAPKK* and *MAPKKK* genes in upland cotton[J]. Genomics,2020,113(1):1071-1086.

[385] YOSHIDA S. Studies on freezing injury of plant cells: I . relation between thermotropic properties of isolated plasma membrane vesicles and freezing injury[J]. Plant physiology,1984,75:38-42.

[386] YU L J,NIE J N,CAO C Y,et al. Phosphatidic acid mediates salt stress response by regulation of MPK6 in *Arabidopsis thaliana*[J]. New phytologist,2010,188(3):762-773.

[387] YU L,YAN J,YANG Y J,et al. Overexpression of tomato mitogen-activated protein kinase SlMPK3 in tobacco increases tolerance to low temperature stress [J]. Plant cell,tissue and organ culture,2015,121(1):21-34.

[388] YU S O,BROWN A,MIDDLETON A J,et al. Ice restructuring inhibition activities in antifreeze proteins with distinct differences in thermal hysteresis [J]. Cryobiology,2010,61(3):327-334.

[389] YU X M,GRIFFITH M. Winter rye antifreeze activity increases in response to cold and drought,but not abscisic acid[J]. Physiologa plantarum,2001,112(1):78-86.

[390] YUE C W,ZHANG Y Z. Cloning and expression of *Tenebrio molitor* antifreeze protein in *Escherichia coli*[J]. Molecular biology reports,2009,36(3):529-536.

[391] ZHAN X Q,ZHU J K,LANG Z B. Increasing freezing tolerance: kinase regulation of ICE1[J]. Developmental cell,2015,32(3):257-258.

[392] ZHANG Z Y,LI J H,LI F,et al. OsMAPK3 phosphorylates OsbHLH002/OsICE1 and inhibits its ubiquitination to activate OsTPP1 and enhances rice chilling tolerance[J]. Developmental cell,2017,43(6):731-743.

[393] ZHANG C Z,FEI S Z,ARORA R,et al. Ice recrystallization inhibition proteins of perennial ryegrass enhance freezing tolerance[J]. Planta,2010,232(1):

155-164.

[394] ZHANG D Q, LIU B, FENG D R, et al. Significance of conservative asparagine residues in the thermal hysteresis activity of carrot antifreeze protein [J]. Biochemical journal, 2004, 377(3): 589-595.

[395] ZHANG G Q, LIU K W, LI Z, et al. The *Apostasia* genome and the evolution of orchids [J]. Nature, 2017, 549(7672): 379-383.

[396] ZHANG J B, WANG X P, WANG Y C, et al. Genome-wide identification and functional characterization of cotton (*Gossypium hirsutum*) MAPKKK gene family in response to drought stress [J]. BMC plant biology, 2020, 20(1): 217.

[397] ZHANG S Q, KLESSIG D F. MAPK cascades in plant defense signaling [J]. Trends in plant science, 2001, 6(11): 520-527.

[398] ZHANG S H, WEI Y, LIU J L, et al. An apoplastic chitinase *CpCHT1* isolated from the corolla of wintersweet exhibits both antifreeze and antifungal activities [J]. Biologia plantarum, 2011, 55(1): 141-148.

[399] ZHANG T G, LIU Y B, XUE L G, et al. Molecular cloning and characterization of a novel MAP kinase gene in *Chorispora bungeana* [J]. Plant physiology and biochemistry, 2006, 44(1): 73-84.

[400] ZHANG T, LIU Y, YANG T, et al. Diverse signals converge at MAPK cascades in plant [J]. Plant physiology and biochemistry, 2006, 44(5): 274-283.

[401] ZHANG X Y, XU X Y, YU Y J, et al. Integration analysis of MKK and MAPK family members highlights potential MAPK signaling modules in cotton [J]. Scientific reports, 2016, 6: 29781.

[402] ZHANG Y, LIANG Z, ZONG Y, et al. Efficient and transgene-free genome editing in wheat through transient expression of CRISPR/Cas9 DNA or RNA [J]. Nature communications, 2016, 7: 12617.

[403] ZHAO C Z, WANG P C, SI T, et al. MAP kinase cascades regulate the cold response by modulating ICE1 protein stability [J]. Developmental cell, 2017, 43(5): 618-629.

[404] ZHAO C Z, ZHANG Z J, XIE S J, et al. Mutational evidence for the critical

role of CBF transcription factors in cold acclimation in *Arabidopsis*[J]. Plant physiology,2016,171(4):2744-2759.

[405] ZHOU H Y,REN S Y,HAN Y F,et al. Identification and analysis of mitogen-activated protein kinase(MAPK) cascades in *Fragaria vesca*[J]. International journal of molecular sciences,2017,18(8):1766.

[406] ZHOU M Q,CHEN H,WEI D H,et al. *Arabidopsis* CBF3 and DELLAs positively regulate each other in response to low temperature[J]. Scientific reports,2017,7(1):39819.

[407] ZHOU R,YU X Q,ZHAO T M,et al. Physiological analysis and transcriptome sequencing reveal the effects of combined cold and drought on tomato leaf[J]. BMC plant biology,2019,19(1):377.

[408] ZHU H F,LI G J,DING L,et al. *Arabidopsis* extra large G-protein 2(XLG2) interacts with the Gβ subunit of heterotrimeric G protein and functions in disease resistance[J]. Molecular plant,2009,2(3):513-525.

[409] ZHU X H,FENG Y,LIANG G M,et al. Aequorin-based luminescence imaging reveals stimulus- and tissue-specific Ca^{2+} dynamics in *Arabidopsis* plants[J]. Molecular plant,2013,6(2):444-455.

后 记

后　记

　　本书为著者查阅大量文献，经过多年科研试验、调研与论证后编写，凝结了著者自从事植物逆境基因功能研究以来的全部科研成果，也寄托了著者对我国植物逆境分子生物学研究的殷切期盼。本书在沈阳农业大学王术教授和郭志富副教授的悉心指导下完成。在撰写第一章内容的过程中，内蒙古民族大学徐寿军教授、张继星教授、王晓宇副教授、李建波博士提出了很多建设性意见，课题组硕士研究生张跃及本科生刘斌柯、张霆、冉亚冬参与了参考文献的整理工作，在此对以上人员表示衷心的感谢。本书的出版受内蒙古自治区人力资源和社会保障厅"2019年度自治区本级事业单位引进人才科研启动支持经费"资助，在此一并表示感谢。

　　由于植物逆境研究发展很快，加之撰写工作繁杂，因此书中难免存在一些不足和错误，衷心希望广大读者批评指正。

靳亚楠
2021 年 4 月